TÉCNICAS EVASIVAS DE SUPERVIVENCIA EN LA NATURALEZA

CÓMO SOBREVIVIR EN LA NATURALEZA EVADIENDO A TUS CAPTORES

SAM FURY

Ilustrado por

NEIL GERMIO

Traducido por

MINCOR, INC

Copyright SF Nonfiction Books © 2021

www.SFNonfictionBooks.com

Todos los derechos reservados
Ninguna parte de este documento puede reproducirse sin el consentimiento por escrito del autor.

ADVERTENCIAS Y EXENCIONES DE RESPONSABILIDAD

La información de esta publicación se hace pública solo como referencia.

Ni el autor, editor ni ninguna otra persona involucrada en la producción de esta publicación es responsable de la manera en que el lector use la información o el resultado de sus acciones.

ÍNDICE

Introducción ix

RECURSOS Y HERRAMIENTAS IMPROVISADAS

Cuchillos 3
Afilado de Cuchillas 6
Garrotes 10
Cuerda 11

MOVIMIENTO SIGILOSO

Observación 17
Protección y Encubrimiento 20
Camuflaje 21
Modos de Movimiento 25
Evadir Rastreadores 28
Navegación con Mapa y Brújula 33
Navegación de Supervivencia 49
Moverse con Seguridad 60
Superar Obstáculos 76
Predecir el Mal Tiempo 81

REFUGIOS

Ropa 87
Seguridad del Albergue 91
Refugios Existentes 94
Refugios de Apoyo 97
Refugio de Trinchera 99
Camas Improvisadas 101

AGUA

Conservar Agua 111
Encontrar Agua 112
Filtración de Agua 123

Purificación del Agua 125
Destilación del Agua 128

ALIMENTOS

Cocinar 135
Plantas Comestibles 137
Insectos 145
Búsqueda en Agua 148
Pescado 151
Aves 164
Reptiles y Anfibios 168
Animal de Caza Muerto 171

FUEGO

Recolectar Combustible 175
Fuego Tipi 179
Agujero de Fuego Dakota 181
Encender una Hoguera 183
Fuego por Fricción 189
Mantenimiento del Fuego 199

SEÑALES DE RESCATE

Tipos de Señales de Rescate 203

Referencias 211

Recomendaciones del Autor 213
Acerca de Sam Fury 215

GRACIAS POR TU COMPRA

Si te gusta este libro, deja una reseña donde lo compraste. Esto ayuda más de lo que la mayoría de la gente piensa.

Para encontrar más SF Nonfiction Books disponibles en español, visita:

www.SFNonFictionbooks.com/Foreign-Language-Books

Gracias de nuevo por tu apoyo,

Sam Fury, autor.

INTRODUCCIÓN

La supervivencia evasiva en la naturaleza es la capacidad de mantenerse con vida en un entorno salvaje, mientras evitas que tu enemigo te capture (o recapture). Un escenario como ejemplo de esto puede ser escapar de una situación de rehenes en la que te mantuvieron cautivo en el desierto.

Este es el tipo de supervivencia en la naturaleza más difícil que existe y el mejor tipo de supervivencia que se debe aprender.

El entrenamiento evasivo de supervivencia en la naturaleza se centra en los peores escenarios, pero se adapta fácilmente a la supervivencia general en la naturaleza. De hecho, si puedes sobrevivir en la naturaleza bajo circunstancias evasivas, las situaciones de supervivencia no evasivas se vuelven mucho más fáciles.

Hay tres elementos clave para tener éxito en la supervivencia evasiva en la naturaleza:

- **Minimalismo.** Cuando escapes de tu «prisión», probablemente no podrás llevarte mucho contigo.
- **Evasión.** Mantenerte oculto de tu enemigo para evitar que te capturen de nuevo.
- **Mantenerte en movimiento.** Sobrevivir mientras te alejas continuamente de tu enemigo y te diriges hacia un territorio amistoso. Tu objetivo es llegar a un lugar seguro lo antes posible.

Este manual sencillo contiene toda la información que necesitas para evadir y sobrevivir en cualquier terreno o clima, ya sea en la jungla, el desierto, el ártico, etc. Incluso si estas son las únicas lecciones de supervivencia en la naturaleza que aprendes, estarás muy bien equipado.

Entrenamiento

Pocas personas llevarán consigo una guía de supervivencia. Es mejor aprender la información (a través de actividades prácticas siempre que sea posible), para que tengas los conocimientos y las habilidades necesarias.

Puedes utilizar cualquier capítulo de este libro como actividad práctica o como una lección de teoría, ya sea individualmente, en sucesión según se presente, o compilado en un curso de supervivencia de varios días.

Mientras te entrenas en este tema, sigue las prácticas ecológicas. No cortes árboles vivos ni mates animales. Esto está bien en situaciones reales de supervivencia, pero no durante un entrenamiento.

Conocimiento local

Cada lugar del mundo es diferente. Puedes adaptar muchas habilidades de supervivencia (como las que se enseñan en este libro) a una variedad de situaciones, pero tener un conocimiento específico del área en la que te encuentras facilitará la supervivencia. Investiga las áreas específicas en las que te encuentras comúnmente o planeas ir. Infórmate sobre los animales, las plantas útiles, el clima, etc.

Necesidades de supervivencia

Como superviviente evasivo, tienes necesidades que son las mismas que las de cualquier superviviente de la naturaleza, a saber: comida, agua, abrigo, calor (ropa), fuego, rescate, defensa personal, primeros auxilios y navegación.

Sin embargo, también debes considerar el sigilo mientras obtienes estas cosas.

Las cosas específicas que necesitas adquirir primero dependen de tu situación, pero la regla de tres será una consideración importante.

Puedes sobrevivir por tres:

- Segundos sin sangre.
- Minutos sin aire.
- Horas sin refugio.
- Días sin agua.
- Semanas sin comida.
- Meses sin compañía humana.

La voluntad de vivir

Una gran parte de la supervivencia es mantener la voluntad de vivir y la firme convicción de que sobrevivirás. Recuerda tus razones para vivir (por ejemplo, tus seres queridos) y ten fe en ti mismo, en tus habilidades y en tu dios, si tienes uno. Sin importar lo que suceda, no renuncies a tus ganas de vivir y prepárate siempre para aprovechar las oportunidades.

RECURSOS Y HERRAMIENTAS IMPROVISADAS

Obtener algunos elementos antes de escapar facilitará la supervivencia en la naturaleza, pero demasiadas cosas se convierten en una carga. También debes considerar evadir a tu enemigo. Cualquier cosa que haga ruido o refleje la luz mientras te mueves te delatará.

Reúne las cosas que te ayudarán a satisfacer tus necesidades de supervivencia. Aquí hay una lista de esas necesidades, con elementos relacionados entre paréntesis:

- Refugio (ropa de invierno, poncho, cordaje).
- Agua (pastillas depuradoras, filtro de senderismo).
- Comida (aparejos de pesca, golosinas, guía de forrajeo).
- Fuego (fósforos, encendedor, varilla de ferrocerio).
- Medicina (botiquín de primeros auxilios).
- Rescate (espejo, silbato, linterna).
- Navegación (mapa, brújula).
- Autodefensa (cuchillo, pistola, garrote).

Tu capacidad para reunir recursos de supervivencia antes de escapar puede ser mínima, pero habrá oportunidades adicionales una vez que estés huyendo. Mantente siempre atento a los artículos útiles. Un vehículo averiado, por ejemplo, puede proporcionar: cordaje (cableado), fuego (batería), herramientas de excavación (tapacubos), espejos de señalización y más.

Cualesquiera que sean tus recursos, raciónalos desde el principio. Incluso si esperas un rescate rápido, las cosas pueden salir mal. Cuando escapas por primera vez, es mejor consumir raciones que pasar tiempo buscando basura. Una vez que tengas suficiente distancia, vive de la tierra tanto como puedas y conserva las provisiones que te sobran durante el mayor tiempo posible.

CUCHILLOS

Un buen cuchillo es posiblemente la herramienta de supervivencia más útil que existe.

Si tienes la opción, elige una hoja de acero al carbono con una molienda en V (molienda Scandi). Son buenos cuchillos de supervivencia versátiles y son más fáciles de afilar con abrasivos improvisados que los cuchillos hechos de otros materiales.

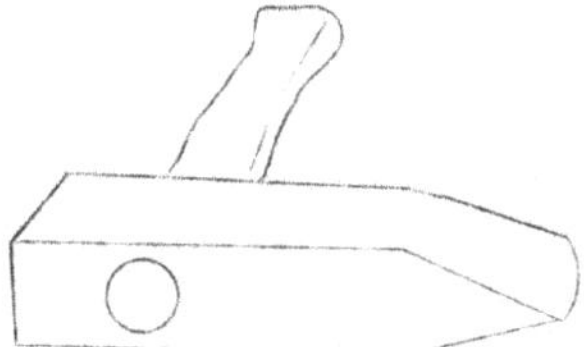

En una situación de supervivencia evasiva, tus posibilidades de obtener un cuchillo real son escasas. Aquí hay algunas maneras en las que puedes improvisar uno. Si tu enemigo está cerca, considera el ruido que harás al construirlo antes de empezar.

Vidrio, plástico y metal

Puedes convertir plástico duro o metal blando en una hoja calentándola y martillándola para darle forma entre dos rocas antes de que se enfríe. Afila el borde. El vidrio ya estará afilado, pero puedes afilarlo más.

Hueso

Cuanto más grande sea el hueso, más grande será el cuchillo que puedes hacer. Límpialo bien primero.

Busca una roca grande, plana y dura para usarla como mesa. También necesitas una piedra dura de tamaño mediano con una superficie redonda. Esta es tu piedra de martillo.

Coloca el hueso sobre la mesa y usa tu martillo de piedra para romperlo. Elige el mejor fragmento que tengas para usarlo como cuchillo. Idealmente, será de una sola pieza, con una sección de borde afilado y una sección de mango. Afila más el borde si es necesario.

Piedra

Las hojas de piedra son buenas para perforar y picar, pero la mayoría no mantendrá un borde afilado por mucho tiempo. Una excepción es el pedernal.

Primero, busca una piedra que ya tenga un borde afilado. Si no puedes encontrar una, hacer una no es demasiado difícil, siempre que puedas encontrar las piedras correctas.

Para hacer una hoja de piedra, necesitas dos piedras. La primera es la piedra que se va a convertir en tu hoja. Cuanto más grande sea la piedra que vas a usar como hoja, más fácil será hacer el cuchillo. También significa que obtendrás una hoja más grande.

Busca una piedra con una superficie vidriosa. Busca cerca de ríos y arroyos. Si encuentras dos, deberían hacer un sonido similar al del vidrio cuando las golpeas una contra la otra. El pedernal, la obsidiana y el cuarzo son buenos ejemplos.

La segunda piedra que necesitas es una piedra de martillo. Busca una piedra redonda, dura y de tamaño mediano.

Coloca la piedra de la hoja sobre una roca más grande, o en tu muslo, y mantenla firmemente en su lugar. Golpea la piedra del martillo contra el borde de la piedra de la hoja, pero no lo hagas con demasiada fuerza. Continúa con un golpe fuerte y directo. Cuando hagas esto correctamente, las cuchillas desprenderán la parte inferior de la piedra de la cuchilla. Afila más sus bordes si es necesario.

Mango de madera para el cuchillo

Puedes usar cuchillos improvisados tal como están o hacer mangos de madera. Para hacer esto último, parte un trozo de madera dura, inserta el cuchillo y átalo.

Capítulos Relacionados

- Afilado de Cuchillas

AFILADO DE CUCHILLAS

El afilado de la hoja requiere habilidad. Hacerlo incorrectamente hará más daño que bien a tu hoja. Este capítulo te enseñará las formas correctas de hacerlo.

Se trata de mantener la forma en V del filo de tu cuchillo. Lo ideal es hacerlo lo suficientemente afilado como para cortar un trozo de papel.

Los siguientes métodos funcionan mejor con cuchillos reales, pero también puedes adaptarlos para cuchillos improvisados.

Tira de cuero

La tira de cuero mantiene afilado un cuchillo que ya tiene filo, lo que es más fácil de afilar que un cuchillo sin filo. Si ya tienes una hoja afilada, pásala regularmente con el borde contra un abrasivo suave, como un cinturón de cuero o cartón grueso.

A continuación, te explico cómo hacer esto con un cinturón de cuero. Adapta esto para cualquier otro material que desees utilizar.

- Sujeta el cinturón a tus pantalones por la hebilla.
- Sostén el cinturón apretado frente a ti con una mano y sostén el cuchillo con la otra.
- Coloca la hoja plana sobre el cinturón, con el borde afilado hacia ti.
- Levanta la parte posterior del cuchillo hasta que un lado del borde en V quede plano sobre el cinturón (aproximadamente en un ángulo de 20 grados). Si tienes luz sobre tu cabeza, está en el ángulo correcto cuando la sombra debajo del borde desaparece.
- Aplica una ligera presión hacia abajo manteniendo este ángulo.
- Vuelve a raspar el cuchillo a lo largo del cinturón mientras

lo mueves desde el mango hasta la punta, luego dale la vuelta para que el borde afilado mire en dirección opuesta a ti.

- Mantén el mismo ángulo en el borde en V y raspa el cuchillo hacia ti de la misma manera.
- Repite esto hacia delante y hacia atrás.

El raspado es un ligero movimiento diagonal, moviéndote hacia arriba o abajo y cortando al mismo tiempo.

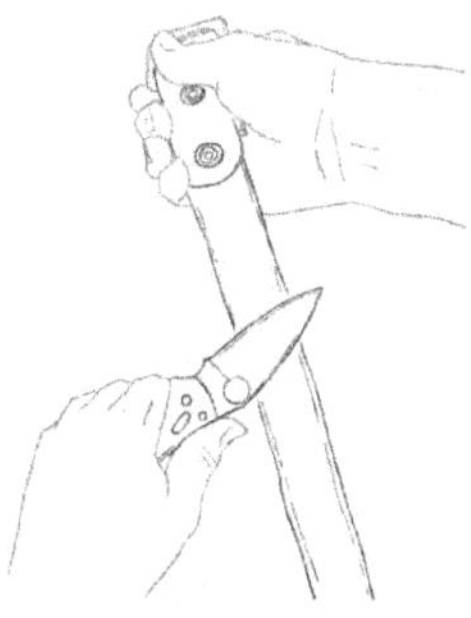

Acero

Cuando el borde de la hoja esté un poco desafilado, usa acero para volverlo a afilar.

Una forma común de hacer esto en la naturaleza es con un segundo cuchillo de acero. Debe tener un patrón de surco longitudinal en la columna. Si no es así, crea uno con papel de lija fino.

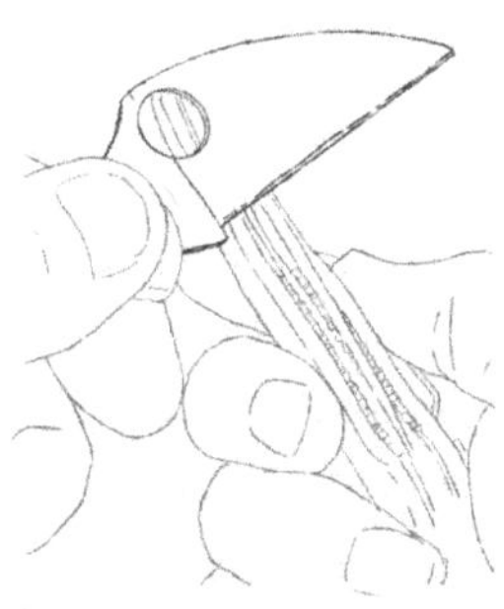

Hazle una ligera presión al mismo ángulo de 20 grados que con la tira de cuero. Raspa en la hoja (lo contrario de la tira de cuero) desde el mango hasta la punta. Alterna los lados con cada trazo.

Afilar un borde con acero es más abrasivo que una tira de cuero, pero puedes usar cualquiera de los métodos indistintamente si solo tienes uno u otro.

Amolar

Amola cuando tu hoja esté demasiado desafilada para usar acero o tira de cuero, es decir, cuando la V de la hoja se parezca más a una U.

Las rocas de río lisas y planas son buenas piedras de afilar improvisadas. Frotar una contra la otra hará que una de ellas sea más suave. Utiliza el lado rugoso para eliminar las rebabas y el lado liso para obtener un borde fino. Usa piedras de colores claros para que sea más fácil ver tu progreso. Para amolar tu hoja:

- Moja la piedra.
- Coloca la hoja sobre la piedra en un ángulo de 20 grados, con el extremo afilado hacia el lado opuesto tuyo.
- Con los dedos encima de la hoja, muévela en el sentido de las agujas del reloj sobre la piedra.
- Aplica una presión constante con las yemas de los dedos, mientras alejas de ti la hoja y liberas la presión cuando la traigas hacia ti.
- Mantén el ángulo constante y continúa mojando la piedra según sea necesario.

Una vez que hayan desaparecido todas las rebabas de un lado, dale la vuelta al cuchillo. Usa la misma técnica, pero muévete en sentido en contra de las agujas del reloj. Luego, cambia al lado liso de la piedra y usa la misma técnica. Reduce la presión para obtener un borde más fino y haz el acabado con acero o tira de cuero.

Otros bordes de amolado improvisados incluyen la parte superior de la ventana de la puerta de un automóvil o cualquier borde de cerámica rugosa, como la parte inferior de una taza.

GARROTES

Un garrote es cualquier trozo de madera fuerte que puedas encontrar que tenga un extremo más pesado. Úsalo como arma o herramienta (para cavar o mover cosas en un fuego, por ejemplo). Un buen garrote es:

- De madera dura curada. No debe haber humedad ni tinte verde al raspar la corteza.
- Lo suficientemente delgado para sostenerlo cómodamente, pero lo suficientemente grueso para que no se rompa con facilidad con el impacto.
- Lo suficientemente largo para causar daño, pero lo suficientemente corto como para balancearse con facilidad.

Si encuentras uno con una curva (como un bumerang) de aproximadamente 1/2 m (1,5 pies) de largo, puedes usarlo para lanzar y matar o herir animales pequeños. Este es un palo «grueso» o de «conejo».

Dar forma a un extremo en una cabeza plana lo convierte en una mejor herramienta de excavación. Afloja la tierra con él, luego usa tus manos o una roca plana para sacar la tierra.

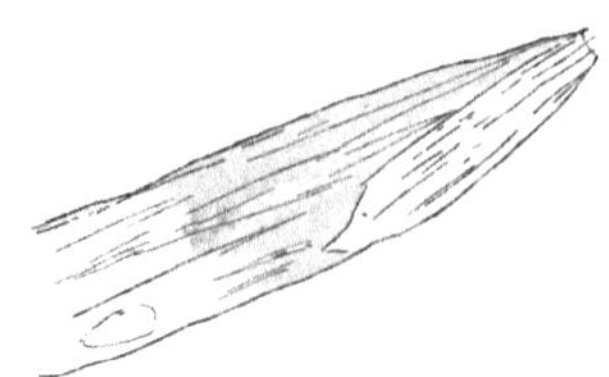

CUERDA

La cuerda (cordón, cordel, etc.) es extremadamente útil y fácil de hacer con cosas como tela, hilo de pescar y cordones de zapatos.

Cuando tienes la suerte de tener alguna cuerda, o cualquier otro tipo de material, evita cortarlo. En su lugar, dóblalo, si es posible. Es más versátil en piezas más grandes.

Cuando no hay otro material disponible (o no estás dispuesto a sacrificarlo), puedes hacer una cuerda con otras cosas, entre ellas:

- Pelo de algún animal.
- Corteza interior (por ejemplo: cedro, castaño, olmo, nogal, tilo, morera o roble blanco). Tritura las fibras vegetales de la corteza interior.
- Tallos fibrosos (por ejemplo, madreselva u ortigas).
- Hierbas.
- Palmas.
- Juncáceas.
- Tendón (tendones secos de caza mayor).
- Cuero crudo.
- Lianas. Puedes usar lianas fuertes sin ninguna otra preparación, pero las fibras vegetales hiladas juntas son más duraderas.

Hacer cuerda con material vegetal

Cuando creas que tienes un material vegetal adecuado, mira si puede resistir las siguientes pruebas. Primero, ablanda las fibras rígidas sumergiéndolas en agua. Entonces:

- Tira de los extremos en direcciones opuestas.
- Gíralo y tuércelo entre tus dedos.
- Haz un nudo simple.

Para convertir el material en cuerda, enróllalo.

La cantidad de material que necesitas depende del grosor que desees que tenga el cable. Divídelo por la mitad y gira la mitad antes de volver a combinarlos. Esto te asegurará una consistencia uniforme en tu cuerda. Haz un nudo en un extremo.

Divide el lado restante del paquete en dos secciones iguales y gíralas en el sentido de las agujas del reloj para crear dos hebras. Luego, gira una de las hebras alrededor de la otra en sentido en contra de las agujas del reloj. Ata el extremo para evitar que se deshaga.

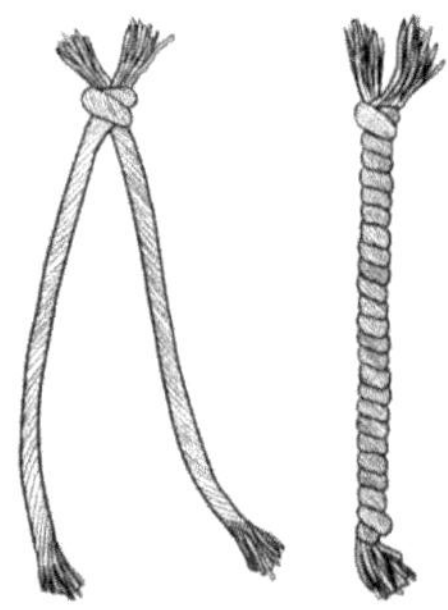

Puedes unir longitudes más cortas empalmándolas. Haz esto retorciendo los extremos de tus hebras juntas mientras están en dos hebras (es decir, antes del giro en sentido en contra de las agujas del reloj). Gira un manojo pequeño a cada lado de cada una de las hebras y luego continúa girando como antes. Puedes hacer esto tanto como lo desees hasta que obtengas la longitud de cuerda que necesitas.

Haz cuerdas más gruesas usando manojos más grandes de hierba o retorciendo varias cuerdas juntas.

Hacer cordones de animales

En una situación de supervivencia, puedes tener la suerte de capturar un animal de caza. No desperdicies nada.

El tendón es un material excelente para amarres pequeños. Retira los tendones de los animales de caza y sécalos. Cuando estén completamente secos, martíllalos hasta que estén fibrosos. Agrega algo de humedad para que puedas juntar las fibras. También puedes trenzarlos, lo que hará que el producto sea más fuerte. El tendón es pegajoso cuando está húmedo y se endurece cuando está seco. Ata los artículos pequeños juntos mientras el tendón está húmedo; como se seca con fuerza, no necesitarás utilizar nudos.

Cuando el trabajo sea demasiado grande para usar tendones, usa cuero sin curtir. Despelleja cualquier animal de caza de tamaño mediano a grande y limpia muy bien la piel. No debe tener grasa ni carne, aunque está bien que tengan pelo o pelaje. Sécalo completamente. Si hay pliegues que capturen humedad, estira la piel. Una vez que esté seco, córtalo en una longitud continua de 10 mm de ancho (1/2 pulgada). La mejor manera de hacer esto es comenzar en el medio de la piel y cortar hacia afuera en un círculo, expandiendo la espiral a medida que avanzas. Para usar el cuero crudo, déjalo en remojo hasta que esté suave, lo que generalmente toma varias horas. Úsalo húmedo y estíralo tanto como puedas. Déjalo secar.

La información de este capítulo proviene del libro *Cuerda y Búlder de Emergencia*:

www.SFNonFictionbooks.com/Foreign-Language-Books

MOVIMIENTO SIGILOSO

En esta sección descubrirás cómo dejar señales mínimas de presencia mientras esquivas a tu enemigo. También aprenderás navegación, formas seguras de moverte en varios terrenos y más.

OBSERVACIÓN

Se requiere una observación constante con todos tus sentidos cuando te estás moviendo. Hasta cuando te detengas, debes seguir observando. Observa a tu enemigo o cualquier obstáculo en tu camino, para que puedas elegir cómo y cuándo moverte.

Buscando terreno

Utiliza este método para buscar señales de tu enemigo, o cualquier otra cosa que desees buscar, desde una posición estacionaria. Te ayudará si tienes algo específico que buscar (cierto equipo, humanos, perros, vehículos, etc.).

Divide el suelo en tres rangos: inmediato, medio y largo. Escanea cada sección de derecha a izquierda. Comienza con el rango inmediato y avanza de manera sistemática.

De derecha a izquierda es mejor que de izquierda a derecha, porque leemos de izquierda a derecha y es más probable que pasemos por alto las cosas si seguimos ese hábito. El escaneo horizontal es mejor que el vertical, ya que de esa manera no es necesario ajustar continuamente la distancia y la escala.

Cuando te encuentres con áreas en las que es más probable que oculten algo, tómate un poco más de tiempo para buscar y encontrar partes de los objetos y también partes completas. Las cosas pueden estar ocultas detrás de algo, pero con algunos fragmentos aún visibles.

Mira a través de pantallas visuales, por ejemplo, vegetación. Si quieres mirar más lejos, haz un pequeño movimiento de cabeza.

Consejos para ver en la oscuridad

Tus ojos tardan 30 minutos en adaptarse completamente a la oscuridad (visión nocturna), y necesitas al menos un poco de luz ambiental de una fuente como la luna.

Una vez que tus ojos se hayan adaptado a la oscuridad, debes protegerlos. Un destello de luz puede arruinar tu visión nocturna en un segundo. Cuando haya un área brillante que desees observar, cubre un ojo para preservarlo mientras usas el otro para mirar.

Incluso con tu visión nocturna, los objetos en la oscuridad son más difíciles de distinguir. Mirar a su lado los aclarará. Cambiar tu punto focal cada ciertos segundos (hacia arriba, hacia abajo, hacia los lados) también ayudará.

Las cosas pueden parecer moverse. Asegúrate de que se queden quietos con el método del dedo pegajoso. Estira un dedo frente a ti y «pégale» un objeto.

Cuando necesites luz adicional para ver (si estás leyendo un mapa, por ejemplo), usa luz roja o azul. Hace un daño mínimo a tu visión nocturna y es más difícil de detectar para tu enemigo. No confíes únicamente en tu visión. El sonido, el olfato y el tacto pueden decirte muchas cosas.

La audición es el segundo mejor sentido de un ser humano y, a menudo, puedes escuchar cosas que están fuera de la vista. Quédate quieto, abre un poco la boca y gira la oreja en la dirección que deseas escuchar.

El viento puede llevar olores bastante lejos, y algunos olores, como la comida que se cocina o el humo, son muy distintivos para los humanos. Gira la nariz hacia el viento y huele como un perro, olfateando muchas veces. Concéntrate en el interior de tu nariz e intenta determinar cuál es el olor.

Cuando no puedes ver nada en absoluto, es más seguro quedarse quieto hasta que haya luz, pero ciertas circunstancias pueden requerir que te muevas. En este caso, necesitas tantear el camino. Muévete lentamente, tanteando cada movimiento.

Levanta los pies en alto para tener la mejor oportunidad de despejar cualquier obstáculo, pero asegúrate de no perder el equilibrio. Estira las manos frente a ti para sentir los obstáculos. Usa el dorso de tu mano para sentir cosas, en caso de que estén afiladas o calientes. Esto protegerá el interior de tu mano y las arterias de tu brazo.

PROTECCIÓN Y ENCUBRIMIENTO

La protección y el encubrimiento son diferentes. Ambos son útiles para el sigilo.

El encubrimiento es cualquier cosa entre tú y tu oponente que se te oculta de ser visto. La vegetación es un buen ejemplo de encubrimiento. Cuanto más haya entre tú y tu enemigo, más difícil será para él verte.

La protección te ocultará de la vista, pero también detendrá las balas. Muchos objetos sólidos no califican como protección. Las balas atravesarán vallas de madera, puertas de automóviles, ventanas, etc.

El hormigón sólido, el metal grueso, las depresiones en la tierra y los árboles grandes tienen muchas más posibilidades de proporcionarte encubrimiento. Cuanto más poderosa sea la pistola (o explosión), más gruesa debe ser la protección.

Si tu enemigo está tratando de dispararte, busca protección. Si solo quiere encontrarte, el encubrimiento para ti es suficiente.

Cuando estés cubriendo suelo, muévete de protección a encubrimiento, deteniéndote en cada uno de ellos para observar. Asegúrate de conocer tu siguiente lugar de protección o encubrimiento antes de dejar el que actualmente estés usando.

CAMUFLAJE

Tener un buen conocimiento de los principios del camuflaje te ayudará en todas las áreas del movimiento sigiloso. La mayoría de estas cosas están entrelazadas. Úsalos en conjunto para obtener los mejores resultados.

Forma

La forma humana (o cualquier cosa) es distintiva, pero hay formas de distorsionarla. Por ejemplo, puedes adherirte a la vegetación local o ajustar tu postura.

Tamaño

Cuanto más grandes sean las cosas, más fáciles serán de detectar y más difíciles de esconder. Puedes hacerte más pequeño si te bajas al suelo o te colocas de lado para obtener un perfil más delgado.

Silueta

Cuando un objeto contrasta con un fondo liso, la forma de su contorno es su silueta. Esto es más prominente cuando hay un objeto oscuro sobre un fondo claro o viceversa. Ejemplos de fondos lisos en la naturaleza son el cielo y el mar.

Incluso una ligera diferencia de tono es suficiente para que un observador entusiasta pueda detectar una silueta. Por ejemplo, usar ropa negra crea más contraste por la noche que la ropa azul oscuro.

Para minimizar tu silueta, mantente en terreno bajo o baja tu perfil físico.

Color y textura

Cada entorno tiene ciertos colores y texturas, y si tú no los imitas, te destacarás.

Destacan más los colores contrastantes, como el pelo claro en el bosque o la ropa negra en la nieve.

Las texturas pueden ser rocosas, frondosas, suaves, etc.

Distorsiona tu color y textura y los de tu equipo con cosas como barro, vegetación, carbón o tela. Considera la profundidad de las características. Usa colores más claros en las áreas sombreadas (alrededor de los ojos y debajo del mentón) y colores más oscuros en los rasgos que sobresalen más (frente, nariz, pómulos, mentón y orejas).

Cuando uses vegetación para disfrazarte, asegúrate de que tu color y textura continúen coincidiendo con el terreno a medida que te mueves, ya que la vegetación cambiará y las hojas se marchitarán.

Cuando necesites esconderte rápidamente, acuéstate y cúbrete con follaje.

Brillo y Reflejo

El brillo es todo lo que refleja la luz, incluida la piel grasa. Un enemigo puede detectar el brillo desde grandes distancias si el ángulo de luz es el correcto.

Cubre vidrio, metal y cualquier otra cosa que brille (cremalleras, hebillas, joyas, esferas de reloj, etc.), sin importar cuán pequeño sea. Si necesitas usar gafas, cubre el exterior de los lentes con una fina capa de polvo para reducir el reflejo de la luz.

El reflejo no es gran cosa a distancia, pero puede delatarte si eres descuidado. Evita espejos, vidrios y cualquier cosa que refleje. Mantente fuera del campo de reflejo, por ejemplo, agachándote debajo de los espejos.

Luz y sombra

Evita moverte y usar la luz para ver todo lo que puedas, especialmente durante la noche.

Moverse debajo o cerca de la luz te hace más visible y proyecta tu sombra. Esto puede delatarte incluso cuando el resto de ti está oculto. Debes estar siempre consciente de dónde cae tu sombra y ten en cuenta que la dirección de la sombra cambiará con el movimiento del sol u otros cambios en la luz.

Apaga las luces (quema fusibles o rompe bombillas) si hacerlo no delata tu posición.

Los bordes exteriores de las sombras son más claros y las partes más profundas son más oscuras. Mantente en las partes más oscuras de la sombra cuando sea posible.

Es posible que tu silueta aún se vea contra sombras más claras, así que mantente agachado y quieto hasta que tengas que moverte.

Si debes usar una linterna, cúbrele el frente con la mano. Si es posible, usa un filtro de lente de color.

Ruido

Cuando estás cerca de tu enemigo, debes tener cuidado con el ruido que haces. Cuanto más lento te muevas, más silencioso puedes estar.

Asegúrate de que no haya nada sobre ti que suene como tintineo, vibración, timbre o repique. Si es posible, salta hacia arriba y hacia abajo y escucha cualquier ruido que hagas, y asegúrate de lo que necesites silenciar.

Cuando tengas la opción, mantente en superficies más silenciosas, como: tierra desnuda, concreto plano, hojas mojadas y rocas grandes.

Programa tu movimiento para que coincida con los sonidos ambientales (tráfico que pasa, ladridos de perros, lluvia o ráfagas de viento) para ocultarte.

Si escuchas un ruido que podría ser tu enemigo, mantente quieto y observa. Tírate al suelo o detrás de un encubrimiento si puedes hacerlo sin que te descubran.

Usa ruido y movimiento para distraer a un oponente. Por ejemplo, lanza algo en la dirección opuesta a donde quieres ir, para que la atención de tu enemigo se concentre en esto.

Coloca objetos pequeños, primero tocando la superficie con la mano y luego baja el objeto.

Olores

Los seres humanos tenemos ciertos olores (jabón, comida, olor corporal). Haz lo siguiente para disminuir tu olor:

- Lávate tú mismo y tu ropa sin usar jabón.
- Evita alimentos con olores fuertes como los que contienen ajo y especias.
- No uses nada que tenga un olor poco natural, como colonia, tabaco o goma de mascar.
- Frota tu ropa con plantas aromáticas (agujas de pino, por ejemplo) tomadas de tu entorno.

Presta atención si hueles señales de humanos, como fuego, gasolina o cocina.

Mantente a favor del viento de tu enemigo cuando sea posible, especialmente si están usando perros.

MODOS DE MOVIMIENTO

Al evadir a tu enemigo, debes hacer concesiones entre el sigilo y la velocidad. Lo que elijas depende de tus circunstancias, pero, en general, cuanto más cerca estás de tu enemigo, más sigiloso debes ser.

Para obtener el máximo sigilo, muévete bajito y lento. Cuanto más bajo estés, más «pequeño» serás y más difícil de ver.

Cuanto más lentamente vayas, menos probabilidades tendrás de atraer la atención y menos ruido harás.

Cuando el enemigo esté cerca, ve tan bajo y lento como puedas. Si mira en tu dirección, mantente quieto. Te puedes mover más rápido mientras te alejas.

Hay cuatro formas básicas en las que puedes moverte cuando vas a pie.

Caminar

Caminar es una buena concesión entre velocidad y sigilo. Puedes controlar tu velocidad según tus necesidades y pasar fácilmente de caminar a otras posiciones, como correr o agacharte.

Los principios básicos de la marcha sigilosa se aplican a todo tipo de movimiento.

Para caminar lo más silenciosamente posible, coloca todo tu peso en un pie y levanta el otro pie lo suficientemente alto para despejar cualquier obstáculo, pero no tan alto como para perder el equilibrio. Los pasos pequeños son más fáciles de controlar.

Prueba el suelo presionando con cuidado hacia abajo con el borde exterior de la bola de tu pie dominante. Si tu pisada va a hacer ruido, por ejemplo, si estás pisando una ramita, prueba en un área diferente. En terrenos sueltos, como los cubiertos de hojas, puedes colocar los pies debajo del follaje.

Cuando encuentras un lugar tranquilo y estás listo para continuar, gira hacia la parte interna de la bola del pie y luego hacia el talón y finalmente, hacia los dedos de los pies. Cambia tu peso al pie dominante, asegúrate de estar equilibrado y repite el proceso con la pierna trasera.

En terrenos duros que son ruidosos, el control de los músculos se vuelve primordial. Cuanto más lentamente vayas, más control tendrás sobre tus músculos y más tranquilo podrás estar. Deseas poder detenerte en cualquier etapa del movimiento y mantener tu posición durante el tiempo que necesites.

Mantén tus brazos y manos cerca de tu cuerpo, asegurándote de que no golpeen nada.

Mientras caminas de esta manera, usa una respiración normal y relajada. Esto fomenta la naturalidad del movimiento y ayuda a prevenir los jadeos si das un paso en falso o pierdes el equilibrio.

Envuelve tus pies con un paño para amortiguar los sonidos si es posible.

Arrastrarte sobre el estómago

Esta es la forma más sigilosa de moverse porque tienes perfil bajo.

No te deslices sobre tu estómago. Eso deja demasiado rastro y hace ruido. En su lugar, usa las manos y los dedos de los pies para hacer una flexión que mueva tu cuerpo hacia adelante. Baja al suelo, vuelve a subir las manos a la posición de lagartija y repite el movimiento.

Gatear

Al gatear sobre tus manos y rodillas, prueba el suelo con las manos antes de aplicar tu peso. Pon tus rodillas en el mismo lugar exacto en el que colocaste tus manos.

Correr

Correr agachado es una buena forma de cubrir distancias cortas mientras nadie está mirando. Usa esta técnica para evadir a un guardia cuya espalda esté momentáneamente volteada, por ejemplo.

Correr a todo dar no es para nada sigiloso, pero es la forma más rápida de crear distancia, lo cual es importante para la evasión. Tan pronto como estés seguro de que estás fuera de la vista, o si definitivamente te han visto, comienza a correr.

EVADIR RASTREADORES

Cuando estés huyendo, siempre asume que te están persiguiendo y actúa en consecuencia hasta que estés 100% seguro.

Para evadir a los rastreadores, tendrás que:

- Poner tanta distancia (y por lo tanto tiempo) entre tú y el(los) rastreador(es) como sea posible.
- Dejar mínimas señales de presencia.
- Crear señales falsas y otros obstáculos para confundir o ralentizar a los rastreadores.

Minimizar cualquier señal de presencia

Una señal de presencia es cualquier alteración que provoques en el entorno natural. No dejar ninguna señal de presencia es casi imposible, en especial cuando te mueves rápidamente, pero aquí hay algunos consejos para minimizarlos:

- Evita tocar tu entorno tanto como puedas. Trata de no agarrar arbustos, apoyarte en árboles o romper telas de araña, por ejemplo.
- Ten cuidado de no romper ramas pequeñas en tu camino. Mejor dóblalas. Si eso no es posible, pásales por debajo, por encima o alrededor de ellas.
- Ten cuidado de no dejar marcas de raspado cuando trepes por encima de las cosas.
- Ten cuidado de no transferir un tipo de suelo a otro (arena o agua sobre rocas, por ejemplo).
- No dejes basura.
- Si tu ropa se engancha con algo, asegúrate de no dejar ninguna pieza suelta.
- Muévete cuando hay mal tiempo, como vientos fuertes, lluvia o nieve.
- Camina de puntillas por terreno blando para minimizar tus

huellas.

- Camina sobre huellas existentes.
- Camina sobre superficies duras como rocas siempre que sea posible, para dejar menos huellas.
- Camina sobre la parte interna del pie para evitar dejar una marca en el talón o en el dedo del pie.
- Si puedes, envuelve tus zapatos (en tela, cinta adhesiva, etc.) para reducir tu huella, pero ten cuidado de no dejar rastros de la tela.

Evadir Perros

Si tu rastreador tiene un perro, debes tener cuidado especial de esconder tus olores y sonidos:

- Evita sustancias de olor fuerte como humo o excrementos de animales. Esconde la ropa contaminada debajo de las rocas en un arroyo, o entiérrala si eso no es posible.
- Cruza el agua quieta en diagonal.
- No hagas huellas nuevas. Utiliza los senderos existentes o muévete justo al lado de las huellas de los animales.
- Atraviesa entornos polvorientos, contaminados o llenos de animales o de otro tipo que confundan el sentido del olfato del perro.
- En campos densos de follaje y animales, crea una ruta errática cambiando de dirección con frecuencia.
- Sigue adelante. Cansa al perro y este cometerá errores.
- Como muchos animales, los perros huelen el miedo. Mantener la calma te hará menos «apestoso».
- Separa al guía del perro.
- Mantente oculto. Aunque la vista de un perro no es tan buena, verá movimiento y usará sus otros sentidos para darte seguimiento.
- Usa un vehículo.
- Pasa por terrenos que retengan menos los olores, como agua, roca dura, metal, hielo o arena. Cruza y vuelve a

cruzar estas superficies a intervalos para hacer senderos falsos sin obstaculizar demasiado tu velocidad. Caminar exclusivamente sobre uno de estos, como el agua, es lento.
- Camina un poco en agua corriente y sal donde no se vea tu huella.

Eliminar al perro es bueno, pero eliminar al guía es mejor.

Señales falsas, obstáculos y pistas engañosas

Las señales falsas, los obstáculos y las pistas engañosas requieren tiempo, pero valen la pena si logras engañar a tu rastreador. Los rastreadores experimentados serán difíciles de engañar, pero la mayoría de las personas tienen poca experiencia. Aquí hay algunas formas de ralentizarlos:

- Modifica la longitud de tus pasos.
- Cámbiate de zapatos para dejar una marca diferente en la pisada.
- Si estás en un grupo, divídanse y reúnanse más tarde, aunque sea en unos cientos de metros más o menos.
- Deja señales de presencia en un lugar y escóndete en otro, listo para tenderle una emboscada a tu rastreador.
- Abre una puerta o portón al pasar para que él crea que lo atravesaste.
- Instala trampas. Incluso la ilusión de trampas ralentizará a tu rastreador por temor a su propia seguridad.
- Utiliza un palo para doblar el césped y las ramas en una dirección diferente a la que te diriges.
- Usa pistas engañosas.
- Camina en reversa o átate los zapatos al revés.

Giro engañoso

Cuando desees desviar a alguien de tu dirección actual, haz un giro engañoso. Funciona mejor cuando tu camino engañoso conduce a un área que es difícil de rastrear, como una con agua o superficies duras, ya que le tomará más tiempo averiguarlo.

Camina 5 m (16 pies) más o menos después de tu desvío y deja una señal de presencia para que tu rastreador piense que continuaste por ahí. Quieres que tu rastreador lo note, pero que no sepa que lo hiciste a propósito, así que no lo hagas demasiado obvio.

Después de dejar tu señal de presencia, camina hacia atrás hasta tu punto de desvío y luego dirígete en tu nueva dirección. Ten cuidado de no dejar señales de presencia mientras caminas hacia atrás o cuando te diriges en tu nueva dirección.

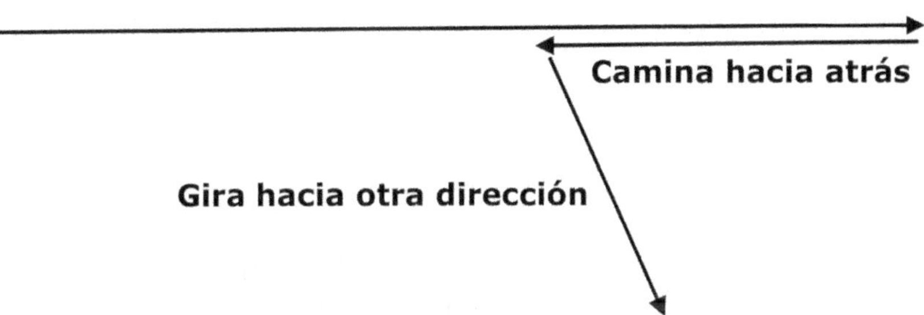

Sendero engañoso

Cuando veas un camino más adelante, usa este camino engañoso para hacer que tu rastreador piense que lo estás usando en lugar de seguir tu camino original.

Acércate al sendero en un ángulo de 45 grados. Si es posible, hazlo desde unos 100 m (330 pies) de distancia.

Camina por el sendero unos 25 m (80 pies) aproximadamente. Deja algunas señales de presencia, pero no las hagas obvias, y luego camina hacia atrás hasta donde ingresaste al sendero. Cruza el sendero y aléjate de él en un ángulo de 45 grados hasta que regreses a tu línea original de trayectoria. Ten cuidado de no dejar ninguna señal de presencia mientras haces esto.

También puedes hacer esto en secuencia.

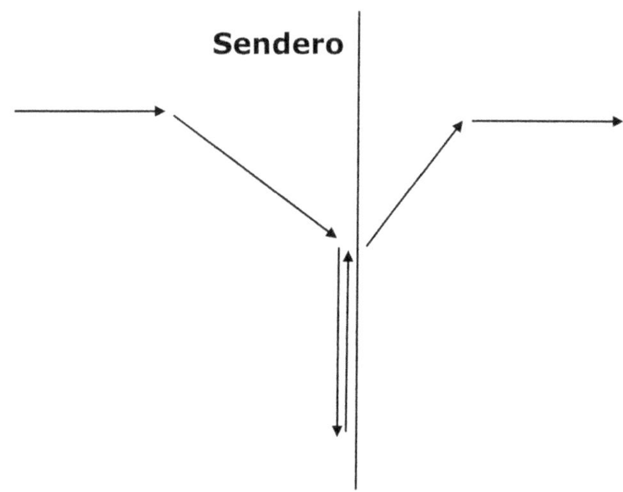

Engaño de salida de un arroyo

Caminar en un arroyo es una buena forma de evadir a los rastreadores y los perros, pero, eventualmente, tendrás que salir de él, y la transferencia de agua es una gran señal de presencia.

Para combatir eso, sal del arroyo, a unos 30 m (100 pies) de distancia, de vez en cuando. Luego camina hacia atrás por la misma ruta y continúa caminando en el arroyo. Haz las salidas falsas al menos a 100 m (330 pies) de distancia y usa una dirección de salida diferente cada vez.

Cuando dejes el arroyo de verdad, elige un lugar con rocas, raíces u otras características que aseguren que dejarás señales mínimas de presencia.

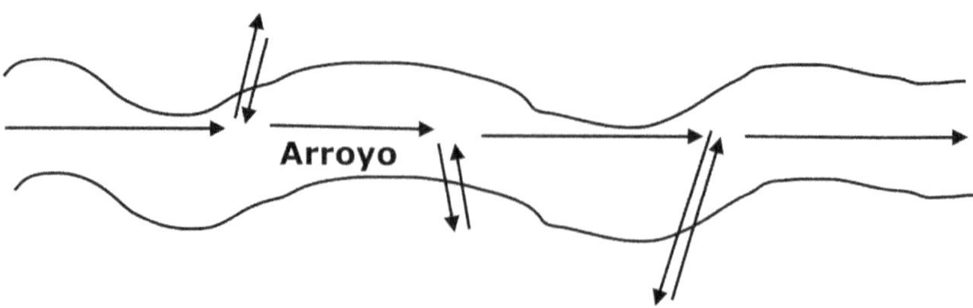

NAVEGACIÓN CON MAPA Y BRÚJULA

La capacidad de navegar es una habilidad útil y que puede salvar vidas. En este capítulo, aprenderás a usar un mapa o una brújula para mantenerte en el camino previsto o para averiguar dónde te encuentras.

El GPS es bueno, pero un mapa y una brújula son más confiables. Las baterías pueden agotarse y las señales de satélite pueden ser dudosas. Si tienes un GPS, úsalo para confirmar tu posición cuando no estés seguro. Solo enciéndelo donde tengas buena señal, como en terreno abierto o alto, y mantenlo apagado el resto del tiempo para conservar las baterías.

Mapas

Haz todo lo posible para conseguir un mapa mientras estás cautivo para que puedas planificar mejor tu escape. Si no te puedes robar uno, dibújalo en el interior de tu ropa. Una vez que estés afuera, mejora tu mapa casero llegando a un terreno elevado y examinando el área.

Hay dos tipos básicos de mapas:

- Los mapas topográficos (topo) son los más complicados con marcas detalladas.
- Los mapas planimétricos son mapas de calles o turísticos.

Si sabes usar un mapa topográfico, entonces sabes usar uno planimétrico, pero eso no es necesariamente cierto al revés. Los mapas topográficos también son más precisos. Todos son ligeramente diferentes, pero todos tendrán al menos algunas de las siguientes características:

Rosa náutica. La rosa náutica muestra el norte en el mapa. Las líneas de cuadrícula generalmente no están alineadas con el norte.

Líneas de contorno. Las líneas de contorno son los «círculos ondulados». Te indican la altitud de la tierra sobre el nivel del mar, lo que indica la pendiente del paisaje. Cuanto más cerca estén las líneas de contorno, más pronunciada será la pendiente.

El número dentro de la línea de contorno representa el número de metros sobre el nivel del mar. No todas las líneas de contorno tendrán un número, pero todas están a la misma distancia. Cada línea de contorno puede representar otros 10 metros de altitud, por ejemplo. Una línea discontinua significa que no hay aumento de elevación.

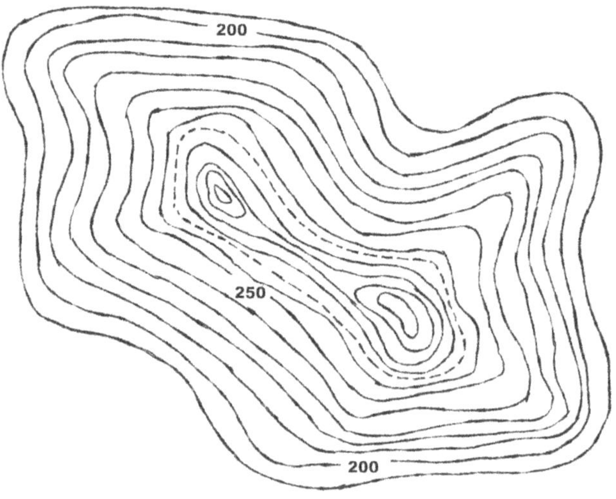

Coordenadas. Las coordenadas del mapa son los números que corren a lo largo de los bordes de las páginas. Por lo general, representan la latitud y la longitud, y son una buena forma de comunicar la posición.

Cuando compartas coordenadas, da primero el número horizontal y luego el vertical. Para recordar esto, toma en cuenta que debes caminar por el suelo antes de trepar a un árbol.

Clave / leyenda. Esto te dice lo que representa cada símbolo en el mapa. En general:

- Azul = Agua
- Verde = Vegetación
- Negro = Estructuras artificiales

Variación / declinación magnética. La variación magnética es importante para que puedas alinear con precisión tu brújula con la ubicación en la que se basa el mapa. Es el ángulo entre el norte magnético y el norte verdadero.

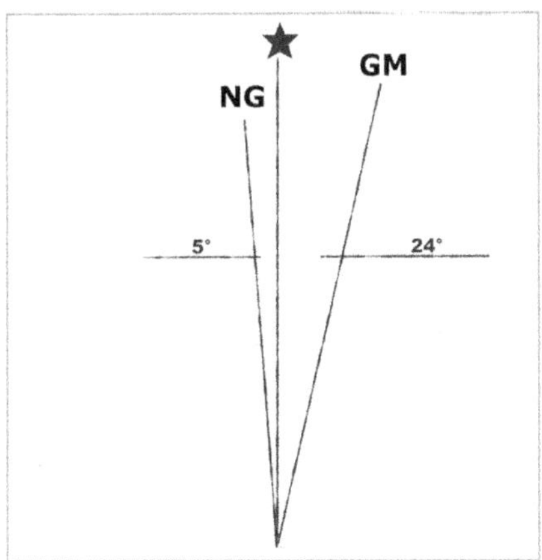

Escala. La escala es el tamaño del mapa en relación con la vida real. Saber esto es útil para juzgar la distancia. Por ejemplo, si la escala es 1: 20.000, entonces el mapa es 20.000 veces más pequeño que la realidad. El grosor de las líneas (arroyos, carreteras, etc.) generalmente no está a escala, pero las longitudes sí.

ESCALA 1:24 000

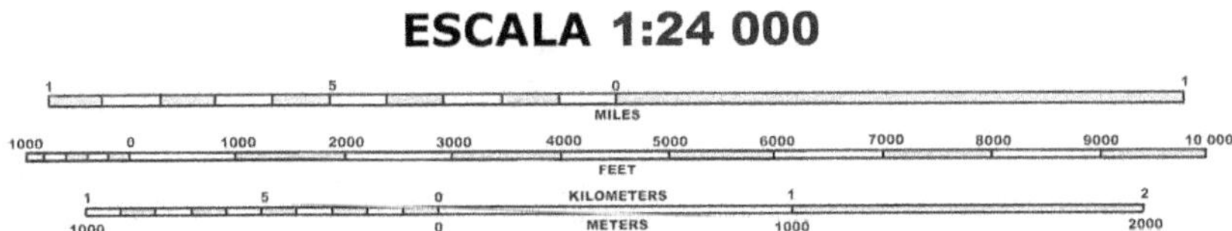

Características del suelo. La capacidad de reconocer las características del suelo en un mapa te ayudará a elegir la mejor manera de llegar adonde deseas ir. También es útil para buscar y confirmar tu ubicación en relación con el mapa.

Hay muchos tipos de características geográficas en un mapa, pero para la navegación general, solo necesitas conocer las principales:

1. **Cima.** El punto más alto de terreno elevado (como la cima de una colina).
2. **Línea de montañas.** Línea de terreno elevado (de pico a pico, por ejemplo).
3. **Cresta.** La línea de terreno inclinado (como la ladera de una colina).
4. **Entre montañas.** Punto bajo entre dos áreas de terreno elevado (como el punto bajo de una línea de cresta).
5. **Valle**. La línea de terreno bajo (entre dos colinas, por donde corre el agua, por ejemplo).

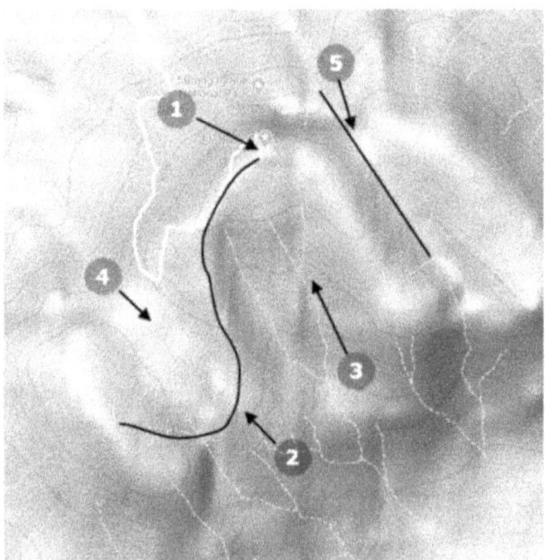

Brújulas

Las brújulas vienen en muchos tamaños. Las más grandes suelen tener más funciones, pero una pequeña es más fácil de ocultar y funcionará si se trata de un producto de buena calidad como un Silva o Suunto. No escatimes en conseguir una buena brújula. Una brújula poco confiable es peor que ninguna brújula.

Todas las brújulas tienen los siguientes componentes:

Placa base. Esta es la superficie plana y dura. Es preferible una placa base transparente para que puedas ver el mapa a través de ella.

Flecha de rumbo. Esta es la flecha al frente de la placa base que muestra tu dirección.

Carcasa. La carcasa contiene líquido y la aguja que mira hacia el norte (la aguja del norte).

Flecha de orientación. Flecha marcada dentro de la carcasa de la brújula.

Puntero índice. Una pequeña línea en la parte inferior de la flecha de rumbo. Úsala para leer tu orientación.

Bisel/esfera giratoria o anillo azimutal. Esta es la parte que puedes girar. Está marcada con grados. Obtén una brújula con un bisel giratorio marcado en incrementos de dos grados, preferiblemente con puntos norte- sur- este- oeste (NESW).

Escalas. Estas son las marcas en forma de regla en el borde de la placa base. Úsalas con mapas que tengan diferentes escalas.

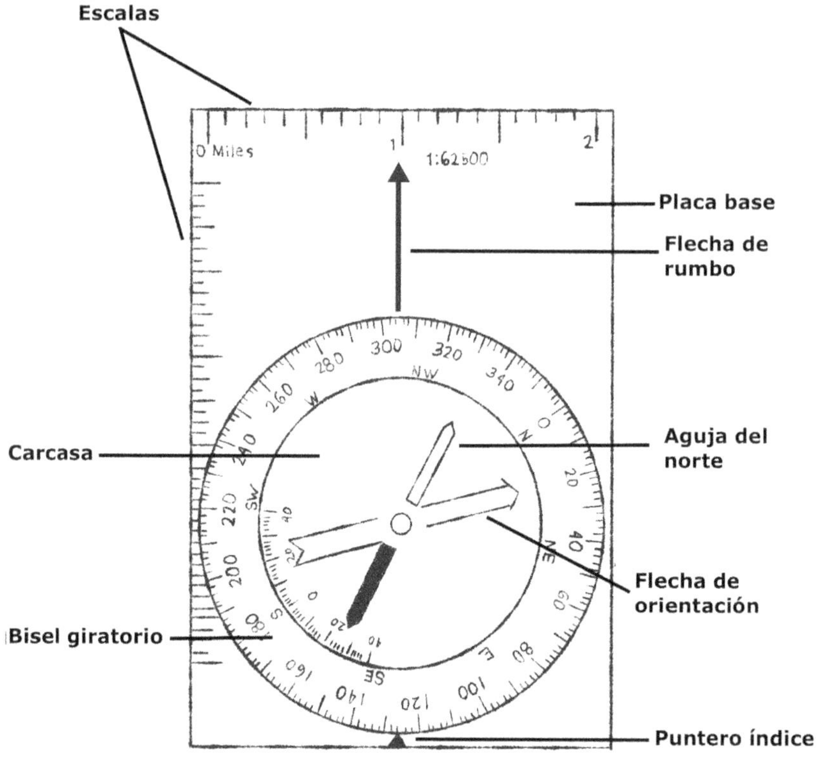

Lecturas falsas

En los polos magnéticos (norte y sur) hay mucha «atracción» y tu brújula no apuntará al norte correctamente. Otras cosas como relojes de pulsera, llaves, teléfonos celulares, bocinas, formaciones geológicas, rocas magnetizadas y líneas eléctricas también pueden afectar una brújula. Usa la navegación de supervivencia para confirmar que tu brújula apunta hacia el norte.

Planificación de la ruta

La creación de un plan de ruta te ayudará a realizar un seguimiento de hacia dónde te diriges. En una situación de encubrimiento, no marques el mapa ni escribas un plan de ruta. Mejor memorízalo.

Para crear un plan de ruta detallado, necesitas un lápiz, papel, una brújula y un mapa topográfico.

Coordenadas iniciales
Coordenadas de destino
Variación magnética

Leg	Punto de referencia inicial (etiqueta/coordenadas)	Punto de referencia de destino (etiqueta/coordenadas)	Orientación	Distancia	Elevación	Tiempo estimado	Notas
1							
2							
3							
4							
		Totales					

Consulta el final de este capítulo para obtener una versión más grande de esta plantilla de plan de ruta.

Elegir la ruta

Al elegir una ruta, debes negociar entre el terreno más fácil y el lugar al que tu enemigo esperará que vayas. Planea dirigirte a la comunidad amistosa más cercana, pero no directamente a ella. Considera los lugares donde es probable que tu rastreador te busque, y evita esas áreas.

Si no sabes dónde está la civilización más cercana, lo mejor que puedes hacer es seguir las vías fluviales río abajo, pero no demasiado de cerca. Son lugares obvios en los que te buscaría tu enemigo.

Cuando haya numerosas opciones para llegar a un lugar seguro, haz uno o dos cambios radicales de dirección. Esto obliga a tu rastreador a seguirte en lugar de adelantarte y cortarte el camino.

Otras cosas para considerar son:

- Oportunidades para recolectar suministros de supervivencia en el camino (comida, agua, refugio, etc.).
- La disponibilidad de protección y encubrimiento.
- Puntos de reunión, si estás en un grupo.
- Evitar obstáculos. El camino más corto no es

necesariamente el más rápido. Ir por un camino largo es más seguro que cruzar un terreno montañoso, por ejemplo.

En una situación no encubierta, mantente cerca de las rutas de transporte (aire, tierra o agua) o terreno abierto, para que sea más fácil atraer la atención de los rescatistas. Cuando ya tengas una ruta principal, elige también algunas alternativas. Si estás en un grupo, considera separarte.

Marca tu mapa

Marca tu punto de partida, destino y rutas en tu mapa con lápiz para que puedas borrarlos más tarde.

Marca también los puntos de referencia. Los puntos de referencia son lugares donde puedes confirmar tu posición en relación con el mapa, como elementos destacados, cambios de dirección y lugares en los que es probable que cometas errores.

Registra la información en tu plan de ruta

Escribe lo siguiente en la parte superior de tu hoja de papel (que es tu plan de ruta):

- Título, si tienes varios planes de ruta.
- Coordenadas de tu punto de partida y destino.
- Variación magnética.
- Puntos de referencia. Usa etiquetas y coordenadas cortas.

Toma una orientación en el mapa

Una orientación te indica la dirección que debes seguir. Para tomar una orientación:

- Coloca tu brújula sobre el mapa.
- Muévela para que el borde se una a tu posición inicial con

tu primer punto de referencia (o puntos de referencia 2 y 3, 3 y 4, etc.).
- Si el borde de tu brújula no es lo suficientemente grande, dibuja una línea recta con lápiz entre los dos puntos y alinea tu brújula con esa línea.
- Gira el bisel hasta que las líneas de los meridianos de la brújula coincidan con las líneas de norte a sur del mapa, es decir, de modo que el norte esté orientado hacia el norte.
- Lee tu orientación en el puntero índice.
- Realiza el ajuste para la variación magnética e ingresa la orientación de la brújula en tu plan de ruta.

Nota: La parte inferior de la brújula (a 180 grados) es tu rumbo inverso (de B a A).

Variación / declinación magnética

Existen tres tipos de norte: norte de cuadrícula, norte verdadero y norte magnético.

La diferencia entre el norte de cuadrícula y el norte verdadero es insignificante, por lo que no tienes que preocuparte por eso, pero la diferencia entre el norte de cuadrícula o verdadero y el norte magnético es algo que debes compensar.

Cuando tomas una orientación de un mapa, la dirección que obtienes es en referencia al norte de cuadrícula, pero tu brújula apunta al norte magnético. Esta diferencia entre el norte de cuadrícula y el norte magnético se conoce como variación o declinación magnética. Si no te ajustas a la variación magnética, que cambia según el tiempo y el lugar, viajarás en la dirección incorrecta.

La variación magnética y la información necesaria para actualizarla estarán escritas en tu mapa. Si no es así, puedes visitar:

http://www.ngdc.noaa.gov/geomag-web/#declination

Cuando ya conozcas la variación, réstasela de tu orientación de cuadrícula para obtener tu orientación magnética.

Ejemplo uno:

- La orientación de tu mapa (cuadrícula o verdadera) es 50°.
- La variación magnética es 18° E, que es positiva (+ 18°) porque el este está a la derecha del norte.
- Resta 18° de 50° para obtener la orientación de la brújula (magnética) que es 32°.

Ejemplo dos:

- La orientación de tu mapa es de 43°.
- La variación magnética es 06° O, que es negativa (-06°) porque el oeste está a la izquierda del norte, es decir:
- 43° - (-06°) = 49°.
- 49° es tu orientación magnética, ahí fijarás tu brújula.

Para convertir una orientación magnética en una orientación verdadera, súmale la declinación magnética.

Ejemplo:

- Toma una orientación de brújula de 30° y la trazas en el mapa.
- La variación magnética es de 10° O.
- 30° + (-10°) = 20°.
- 20° es tu orientación de cuadrícula, que trazarás en tu mapa.

Calcular la distancia

Mide la distancia entre dos puntos de referencia usando una regla o la escala al costado de tu brújula.

Si el camino no es recto, usa un trozo de cuerda, como el cordón de tu brújula, para trazar la ruta. Endereza la cuerda y mide la longitud de la forma habitual.

Otra forma de medir la distancia en una ruta curva es con un lápiz o bolígrafo y papel:

- Alinea el borde recto del papel con el espacio entre tu punto de partida y el lugar de la primera curva en la ruta.
- Haz una pequeña marca en el borde del papel en el punto de inicio.
- Haz otra marca en el papel donde está el pliegue.
- Alinea el papel con el espacio entre el primer y el siguiente pliegue, de modo que tu primera marca de pliegue esté en el primer pliegue.
- Marca la segunda curva.
- Repite este proceso para todas las curvas.
- Cuando hayas terminado, tu hoja de papel tendrá una pequeña marca por cada vez que haya una curva en tu ruta entre dos puntos de referencia.
- Mide desde tu primera marca (punto de partida) hasta la última (destino).

Cuando tengas la medida, conviértela a la distancia real usando la escala.

Ejemplo uno:

- Si la escala del mapa es 1:50.000, esto significa que 1 cm en el mapa es igual a 50.000 cm en la vida real.
- Una distancia medida de 5 cm es en realidad 250.000 cm (5 x 50.000).
- 250.000 cm = 2500 m = 2,5 km (100 cm en un metro, 1000 m en un kilómetro).

Ejemplo dos:

- Si la escala del mapa es 1:25.000, esto significa que 1 cm en el mapa es igual a 25.000 cm en la vida real.
- Una distancia medida de 3,2 cm es en realidad 80.000 cm (25.000 x 3,2).

- 80.000 cm = 800 m.

Elevación

Cuenta las curvas de contornos para registrar el cambio de altitud entre tus puntos de referencia (+ 5 m, -10 m o 0, por ejemplo).

Estimación del tiempo

Si conoces la distancia, el terreno y las variables personales (condición física, carga transportada, etc.), puedes estimar cuánto tiempo te llevará llegar de un punto de referencia a otro. La regla de Naismith es un buen punto de partida para esto. La versión que se proporciona a continuación no es la regla de Naismith original, sino una que incorpora variaciones o adiciones comunes:

- Permite una hora para caminar 4 km (originalmente 5 km).
- Agrega una hora por cada 600 m de ascenso (2000 pies).
- Resta 10 minutos por cada 300 m (1000 pies) de descenso suave.
- Agrega 10 minutos por cada 300 m (1000 pies) de descenso empinado.

Lo anterior asume que el excursionista tiene una salud promedio, en un terreno típico, y sin considerar otras complicaciones o variables, como paradas de descanso. Ajústalo de acuerdo con tus circunstancias reales y permite tiempos de descanso (10 minutos de descanso después de cada hora de caminata, por ejemplo). Recuerda que cuando estás en un grupo, eres tan rápido como tu miembro más lento.

Notas

Registra cualquier nota especial, como las características que encontrarás, para ayudarte con tu navegación. Además, ten en cuenta cualquier información que encuentres a lo largo del camino y que creas que será útil en el futuro.

Repetir y totalizar

Registra las orientaciones, distancias y tiempos para todos los puntos de referencia en tu mapa. Calcula la distancia total y el tiempo estimado.

Seguimiento de las orientaciones de la brújula

Gira el bisel de tu brújula de modo que el puntero índice esté en la orientación que deseas tomar (el de tu primer punto de referencia, por ejemplo).

Mantén la palma de la mano plana con los dedos mirando directamente frente a ti y coloca la brújula en la palma de tu mano, con la flecha de rumbo apuntando hacia abajo en tu dedo medio.

Gira todo tu cuerpo (no solo tu mano) hasta que el lado norte de la aguja norte esté dentro de la flecha de orientación. Mira hacia adelante en esa dirección y elige un buen punto de referencia a lo largo de esa orientación hacia la que puedas caminar. (**Nota:** Los puntos de referencia pueden moverse en condiciones árticas o desérticas). Cuando llegues a ese objeto, vuelve a preparar tu orientación.

Otra forma, que es más exacta, es hacer que un compañero camine a lo largo de tu rumbo para que esté bajo tu mira. Usa señales con las manos (o radio) para moverlo exactamente en la línea con tu orientación. Dirígete hacia la posición de tu compañero y luego repite el proceso.

Cuando estés en un terreno sin rasgos distintivos, puedes alinearte mirando hacia atrás en tus pistas para asegurarte de que estén en línea recta.

Por la noche puedes usar las estrellas, pero se mueven con el tiempo (debido a la rotación de la tierra), así que vuelve a tomar la orientación con regularidad.

Si tienes que rodear un obstáculo, asegúrate de volver a tu rumbo cuando lo hayas dejado atrás.

Orientación del mapa con el suelo

Orientar un mapa significa alinearlo con lo que ves en la vida real. Por ejemplo, si el río está a tu izquierda, gira el mapa para que el río esté a la izquierda.

Esto es útil para ver claramente dónde te encuentras o en qué dirección debes ir.

Triangulación / Resección

La triangulación usa la geometría para calcular tu posición en un mapa. Para hacer esto:

- Elige dos o tres características que puedas ver e identificar en tu mapa, tales como montañas. Es más fácil hacer esto desde un terreno elevado.
- Toma una dirección desde donde estás hasta la primera característica.
- Usa esta dirección para dibujar una línea en tu mapa que pase a través de esta característica. No te olvides de ajustar la variación magnética.
- Repite esto para la otra o las dos características.
- El punto donde las líneas se cruzan es tu ubicación aproximada. Si usaste tres características, estarás en algún lugar del triángulo que crean las líneas. Esto es más preciso que una intersección de dos líneas.
- Identifica puntos de referencia cercanos a ti para obtener una ubicación exacta.

También puedes utilizar la triangulación para señalar una característica en tu mapa. Se hace de esta manera:

- Desde tu posición actual, toma una orientación hacia la característica.
- Dibuja una línea en tu mapa desde tu posición a lo largo de esta orientación.
- Ve a un segundo punto que puedas identificar en tu mapa y toma otra orientación hacia la característica.
- Dibuja una línea en tu mapa desde esta nueva posición a lo largo de la orientación.
- El punto donde las dos líneas se cruzan es la posición de la característica.
- Para mayor exactitud, toma una tercera orientación.

Coordenadas iniciales

Coordenadas de destino

Variación magnética

Leg	Punto de referencia inicial (etiqueta/coordenadas)	Punto de referencia de destino (etiqueta/coordenadas)	Orientación	Distancia	Elevación	Tiempo estimado	Notas
1							
2							
3							
4							
			Totales				

NAVEGACIÓN DE SUPERVIVENCIA

La navegación de supervivencia es la capacidad de navegar sin mapa, brújula o GPS. Ninguno de estos métodos por sí solo es muy preciso, pero si combinas varios de ellos, la combinación puede ser suficiente para ponerte a salvo.

Incluso si tienes un mapa, brújula o GPS, es útil confirmar tu dirección con estos métodos de navegación de supervivencia (para asegurarte de que tu brújula no te dé una lectura falsa, por ejemplo).

Movimiento básico del sol

El sol sale por el este y se pone por el oeste (aproximadamente). Esto es más exacto cuanto más cercano es a las épocas de los equinoccios (marzo-abril y septiembre-octubre).

Durante el verano, el sol saldrá y se pondrá un poco más al norte de este y oeste. En invierno, el sol saldrá y se pondrá un poco más al sur. Esto es cierto tanto si te encuentras en el hemisferio sur como en el norte, ya que las estaciones se encuentran en diferentes épocas del año. Además, cuanto más lejos estés del ecuador, más lejos del este y del oeste saldrá o se pondrá el sol.

Palo de sombra

Este método utiliza las sombras creadas por el sol o una luna brillante para encontrar el norte. Es menos preciso cerca del ecuador o en las regiones polares, donde las sombras serán demasiado cortas o largas.

Cuando el sol está en su punto más alto, es cuando las sombras están más pequeñas. Si son visibles, apuntarán de norte a sur. Esta hora del día es el «mediodía aparente local» y no suele ser las 12:00 del mediodía.

El método de la barra de sombra es más preciso cuando se usa dentro de las dos horas posteriores al mediodía aparente local. He aquí cómo hacerlo:

- Clava un palo recto en el suelo. Trata de encontrar uno que tenga 1 m (3 pies) de largo.
- Haz una marca donde se encuentra la punta de su sombra.
- Espera 10 minutos y vuelve a marcar la punta.
- Haz esto varias veces más.
- Las marcas forman una línea de oeste a este. La primera marca representa el oeste. Pon tu pie izquierdo en la primera marca y tu pie derecho en la última.
- Cuando te encuentres en el hemisferio norte, mirarás hacia el norte. Si te encuentras en el hemisferio sur, mirarás hacia el sur.

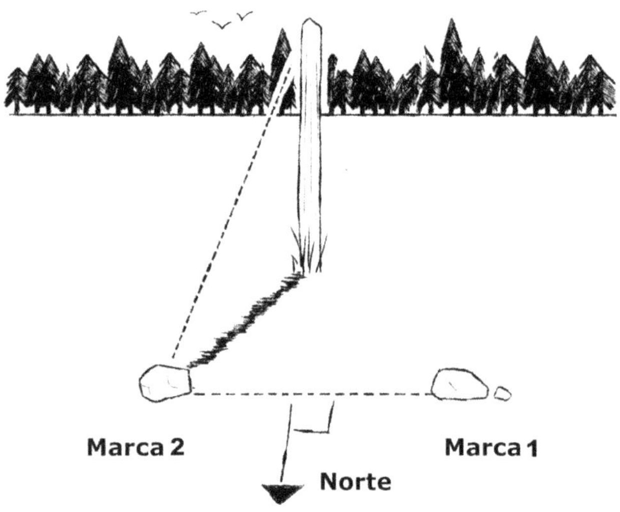

Método uno de la esfera del reloj

Para usar este método, necesitarás un reloj analógico.

Primero asegúrate de que tu reloj no esté configurado en horario de verano o cualquier otro horario extraño.

Sostén tu reloj de pulsera frente a ti como una brújula y coloca una ramita en su borde, de modo que la ramita proyecte una sombra hacia el centro del reloj.

Gira el reloj hasta que la sombra se divida por la mitad: la distancia entre la manecilla de las horas y las 12 de la esfera del reloj. En el hemisferio norte, las 12 en punto ahora apuntarán al sur y las 6 en punto apuntarán al norte. En el hemisferio sur será todo lo contrario.

Método dos de la esfera del reloj

Para un método más rápido, pero menos exacto, apunta la marca de la hora de tu reloj hacia el sol. El centro del ángulo entre la manecilla de las horas y la marca de las 12 en punto es la línea norte-sur.

En el hemisferio sur, haz lo mismo, pero apunta la marca de las 12 hacia el sol.

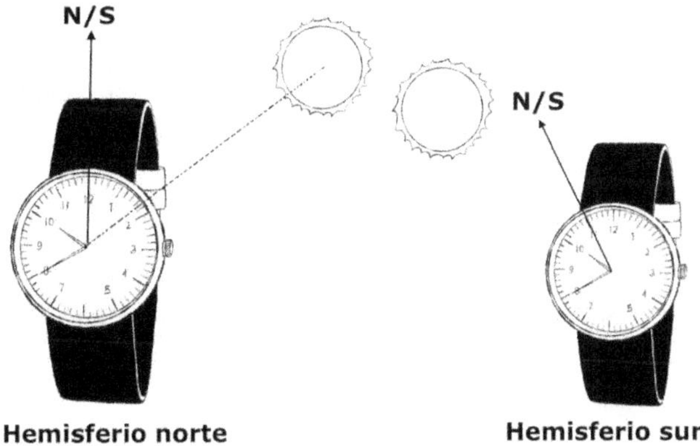

Método tres de la esfera del reloj

Este método es para cuando no tienes un reloj analógico, pero sabes la hora.

Dibuja un gran círculo en el suelo y luego dibuja una línea recta desde el centro del círculo hacia el sol. Cuando estás en el hemisferio norte, esta es tu manecilla de las horas.

A continuación, dibuja una línea a las 12 en punto en el círculo donde estaría en relación con la manecilla de la hora. El punto a medio camino entre las dos líneas es aproximadamente la línea norte-sur.

Cuando estás en el hemisferio sur, la línea que trazas con el sol son las 12 en punto. Dibuja la segunda línea como la manecilla de la hora. El punto a medio camino entre las dos líneas es aproximadamente la línea norte-sur.

Ahora conoces la línea norte-sur. Confirma el norte utilizando el movimiento solar básico (el sol se pone en el oeste o cualquier otro método).

Vegetación

Usar vegetación para indicar la dirección no es tan preciso como otros métodos, pero es bueno para confirmar o cuando no tienes tiempo, como cuando estás huyendo.

Las cosas reciben más sol en el lado que mira hacia el ecuador, por lo cual siempre que veas lo siguiente, es probable que estés mirando hacia el lado que indica hacia la línea ecuatorial:

- Los árboles tendrán más ramas y las ramas serán más horizontales (en comparación con el otro lado).
- En tocones de árboles, los anillos estarán más espaciados.
- La fruta estará más madura.
- La vegetación será más espesa.

Viento

Aquí hay varias formas en que puedes usar el viento para darte una dirección general:

- Las curvas en los árboles se deben a los vientos predominantes.

- Las aves construyen sus nidos de manera que estén protegidos del viento.
- Durante el día, la brisa proviene del mar (o de una gran masa de agua) si hay alguna cerca. Es todo lo contrario por la noche.
- Los vientos predominantes, como la brisa marina regular de la tarde, suelen venir de la misma dirección.
- Las arañas construyen sus telas de manera que estén protegidas del viento.
- El olor (mar, vegetación o cocina, por ejemplo) que lleva el viento puede indicar la dirección desde la que sopla.

Para determinar la dirección del viento:

- Observa la dirección general de las nubes.
- Lanza un poco de arena, hojas o césped al aire.
- Observa las copas de los árboles.

Polaris (Estrella del norte)

Por la noche en el hemisferio norte, Polaris es una buena indicación del norte. No es la estrella más brillante en el cielo, pero es la única que no se mueve.

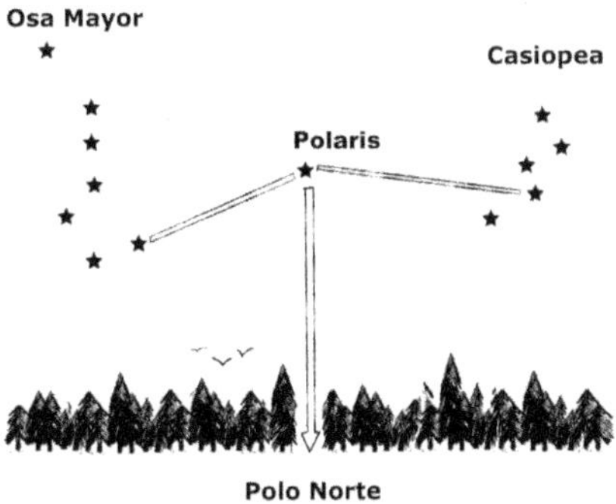

Para encontrar a Polaris, primero busca la Osa Mayor y la Casiopea, que son constelaciones fáciles de identificar. Cuando las tengas, sigue el «cucharón» de la Osa Mayor hasta unas cinco veces su longitud, que está aproximadamente a la mitad del camino hacia Cassiopeia. Imagina una línea desde Polaris hasta un punto de referencia que puedas ver. Usa este punto de referencia para guiarte hacia el norte.

La Cruz del Sur

La Cruz del Sur es el equivalente de Polaris en el hemisferio sur, pero es una constelación de cinco estrellas en lugar de una. Es una forma bastante precisa de indicar el sur.

Las cuatro estrellas más brillantes de la Cruz del Sur forman una cruz inclinada hacia un lado. También hay dos «estrellas indicadoras» brillantes al sureste.

No confundas la Cruz del Sur con el cúmulo de estrellas Cruz Falsa. Puedes notar la diferencia porque la Cruz Falsa tiene las siguientes características:

- Es más grande.
- Tiene más forma de diamante.
- Sus estrellas no son tan brillantes.
- Solo tiene cuatro estrellas.
- No tiene estrellas indicadoras.

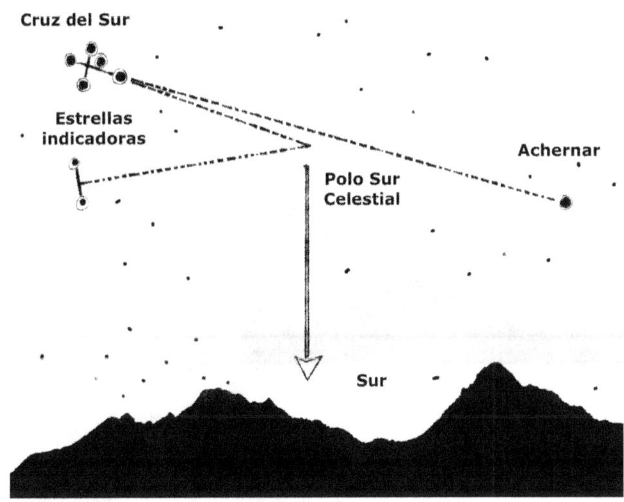

Cuando encuentres la Cruz del Sur, imagina una línea en la dirección de los puntos de cruce y luego otra línea en ángulo recto entre las dos «estrellas indicadoras». Traza una tercera línea imaginaria desde la intersección de estas dos líneas hasta un punto de referencia que puedas ver. Usa este punto de referencia para guiarte hacia el sur.

Para confirmar que el punto de intersección es correcto, puedes dibujar una línea imaginaria cinco veces la distancia del eje largo de la cruz, en la misma dirección. La estrella brillante Achernar será cinco longitudes más después de eso.

Orión

La constelación de Orión es visible en ambos hemisferios. Tiene tres estrellas más brillantes (el cinturón de Orión) y varias estrellas más tenues (su espada).

Puedes usar a Orión de la misma manera que el movimiento básico del sol, porque sale por el este y se pone por el oeste. Orión cambia de orientación en el transcurso de la noche, comenzando horizontalmente.

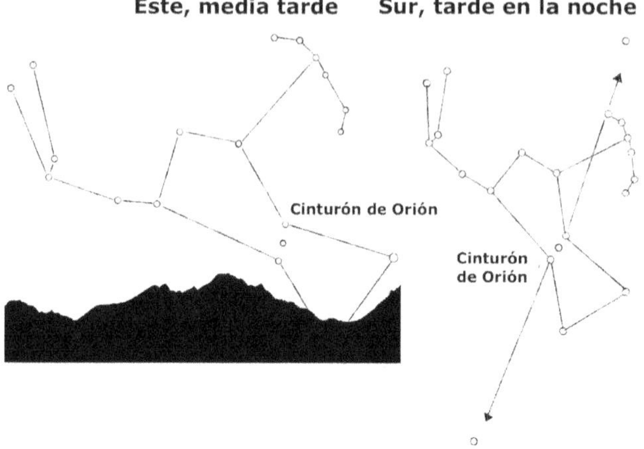

Navegación por cualquier estrella

Cuando no puedas identificar ninguna de las constelaciones anteriores, coloca un palo alto (de aproximadamente 1 m de largo) en el suelo. Consigue otro palito de aproximadamente la mitad del tamaño del primero. Usa la parte superior de ambos palos como miras hacia una estrella brillante y clava el palo más corto en el suelo. Regresa en 30 minutos y observa en qué dirección se ha movido la estrella. En el hemisferio norte:

- Derecha = estás mirando al sur.
- Izquierda = estás mirando al norte.
- Arriba = estás mirando hacia el este.
- Abajo = estás mirando al oeste.
- Derecha y arriba = estás mirando al sureste.
- Derecha y abajo = estás mirando hacia el suroeste.
- Izquierda y arriba = estás mirando al noreste.
- Izquierda y abajo = estás mirando al noroeste.

Estas direcciones son opuestas en el hemisferio sur.

Luna

Hay dos métodos básicos para determinar la dirección con la luna. El primero se basa en el hecho de que el lado iluminado de la luna está siempre más cerca del sol. Entre el atardecer y la medianoche, este lado iluminado mirará hacia el oeste. Entre la medianoche y el amanecer, mirará hacia el este.

El segundo método consiste en imaginar una línea que une las puntas de una luna creciente, y llega al suelo. Esto te dará el sur si te encuentras en el hemisferio norte y el norte si te encuentras en el hemisferio sur. Mientras más alta esté la luna en el cielo, más preciso esto será.

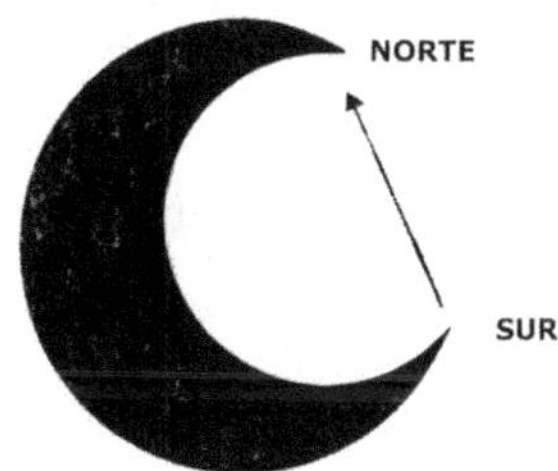

Brújula improvisada

Cualquier «aguja» magnetizada crea una brújula improvisada que puedes utilizar para determinar el norte magnético. La aguja puede ser cualquier pieza de hierro, níquel o acero que sea larga, delgada y liviana, como un alfiler, una aguja o un clip enderezado. El material debe poder oxidarse. El aluminio y los metales amarillos (estaño, cobre, etc.) no funcionan.

Hay algunas formas de magnetizar tu aguja:

Frotamiento. Frota la aguja sobre un imán (extrae uno de una radio o un par de auriculares), seda o cualquier tela sintética (nailon, Dacron, Kevlar, material de paracaídas, etc.). Frota en la misma dirección más de 30 veces. Al final de cada pasada, levanta la aguja

5 cm (2 pulgadas) en el aire y vuelve al principio de la aguja para la siguiente pasada.

Electro magnetización. Para esto, necesitas una batería de 2 voltios (o más) y un cable aislado. Enrolla el alambre alrededor de la aguja. Si el cable no está aislado, envuelve la aguja con papel o cartón. Conecta los extremos del cable a los terminales de la batería durante cinco minutos.

Hoja de afeitar. Este método no es tan efectivo como los otros dos, pero es mejor que nada. Raspa con cuidado la hoja de afeitar en la palma de tu mano más de 30 veces.

Coloca tu aguja magnetizada encima de la hoja de una planta (o algo similar como una astilla de madera, papel, etc.) y déjala flotar en agua quieta. El agua no debe estar dentro de nada que pueda magnetizarse, como una lata. Aluminio, plástico, un charco en el suelo, etc. están bien. Alternativamente, suspende la aguja en un hilo.

Cuando la aguja se asiente, debe apuntar de norte a sur. Muévela unas cuantas veces para ver si se vuelve a alinear en la misma dirección. Usa otros métodos de navegación de supervivencia para confirmar qué lado apunta al norte y marcarlo. Recarga el magnetismo de la aguja varias veces al día.

Plan de acción para cuando te pierdas

Detente tan pronto pienses que puedes estar perdiendo el rumbo.

Mira a tu alrededor en busca de puntos de referencia reconocibles. Si no puedes encontrar uno de inmediato, intenta:

- Retroceder hasta llegar a una ubicación conocida.
- Buscar terreno elevado para un mejor punto de vista.
- Triangulación.

Si estás completamente perdido, debes hacer un plan. Considera:

- Si te están persiguiendo o no.
- Hacer campamento (tiempo, clima, etc.).
- Señales de rescate.

Viaja en la dirección en la que es más probable que se encuentre algún asentamiento (aguas abajo, por ejemplo).

Para evitar perderte:

- Mira periódicamente hacia atrás y toma nota mental de lo que ves.
- Comprueba tu posición con regularidad.
- Usa ayudas de navegación.
- Deja marcas de regreso a tu campamento.
- Lleva dispositivos de señalización, como un silbato, una linterna o una radio.

MOVERSE CON SEGURIDAD

Para evadir a tu enemigo, es posible que tengas que ir más rápido de lo habitual, viajar en la oscuridad o tomar otros riesgos que normalmente no harías.

Sin embargo, si te lesionas, esto te ralentizará y puedes dejar pistas adicionales que tu enemigo puede usar para rastrearte. Además, una pequeña lesión en la naturaleza puede convertirse rápidamente en un problema importante. Por estas razones y más, es importante saber cómo moverse con seguridad por varios terrenos.

Selva

La selva se caracteriza por una densa vegetación, calor y humedad. Hay muchas plantas e insectos que pueden picarte o morderte, así como algunos depredadores más grandes según tu ubicación.

Para que tu viaje por la jungla sea más seguro:

- Ten cuidado de no tocar la vegetación. Cúbrete la piel con ropa tanto como sea posible y no agarres nada con las manos desnudas. Usa mejor un palo para apartarlo de tu camino.
- Busca y elimina parásitos, como garrapatas o sanguijuelas, con regularidad.
- A pesar de no querer dejar señales de rastro, es posible que tengas que cortar la vegetación para llegar a cualquier parte. Si lo haces, córtalo bajo y en un ángulo hacia abajo, de modo que se caiga alejado de ti en lugar de caer en tu camino.
- Seguir líneas eléctricas o telefónicas a menudo facilita el camino, pero ten cuidado de no toparte con tu enemigo si haces esto.
- Si te enredas con espinas u otra vegetación, detente y retrocede hasta que estés libre.

- Mira a través del follaje para encontrar aperturas en la jungla donde puedas moverte.
- Busca y sigue las pistas de animales de caza para facilitar tu movimiento, asumiendo que van en la dirección correcta.
- Muévete lenta, constante y suavemente. No fuerces tu camino. Encuentra la ruta más fácil y adáptate a ella.
- Corta solo lo absolutamente necesario, así dejarás menos señales de presencia. Cortar innecesariamente también te desgastará más rápido.
- Viaja solo cuando haya luz. En la mayoría de los demás terrenos, los viajes nocturnos no son demasiado desafiantes, pero no lo intentes en la jungla.
- Empieza a montar el campamento temprano, mientras aún tengas luz. Se oscurece bajo el dosel mucho antes de que caiga la noche.

Montañas

Viajar por terrenos montañosos suele ser peligroso debido al riesgo de caída, ya sea de las rocas o a través del hielo. Otro peligro es el clima. Puede cambiar sin previo aviso.

Los terrenos más altos son más fáciles de navegar, pero allí eres más visible para tu enemigo, y la comida y el agua son menos abundantes.

Como regla general, evita los campos de hielo, las rocas sueltas y los pedregales.

A continuación, se ofrecen algunos consejos de seguridad para escalar pendientes:

- Sube pendientes pronunciadas en zigzag.
- Conduce tu hacha de nieve hacia los lados para mayor estabilidad.
- Nunca intentes descender por acantilados altos, especialmente sin una cuerda.
- En acantilados escarpados, colócate frente a la roca.

- Para paredes de roca menos empinadas con repisas profundas, adopta una posición lateral y usa el interior de tus manos como apoyo.
- Al descender pendientes suaves, mira hacia afuera, con el cuerpo doblado. Clava tus talones y usa un bastón. Si es posible, lleva tu peso sobre las palmas de tus manos.
- Al descender pendientes pronunciadas, retrocede y clava un palo en la nieve para apoyarte.

En terreno montañoso, probablemente necesitarás escalar algunas rocas. Sigue estos consejos básicos:

- Ten siempre tres puntos de contacto.
- No subas más alto de lo que estás dispuesto a caer.
- Mantén tu cuerpo alejado de la roca, usa los pies planos y mira hacia arriba.
- Nunca tires hacia afuera de una roca suelta. Si cae, grita una advertencia a los que están abajo.
- Prueba cada agarre antes de usarlo.

Al cruzar glaciares:

- Examina la nieve frente a ti en busca de grietas.
- Ata grupos de personas a intervalos de no menos de 9 m (30 pies). Prepara una línea principal a la que todos se aten, preferiblemente una con un enganche prusik.

En caso de avalancha:

Si comienza debajo de tus pies, sube la pendiente de las grietas en la nieve. Si estás debajo, muévete al lado más cerca que te aparte de su camino.

Si no puedes evitarlo, elimina todo el exceso de peso y agarra algo sólido, como un árbol. No abandones tu bastón de esquí o dispositivos de comunicación.

Cuando no puedas agarrarte de nada, usa natación al estilo libre para mantenerte encima de la nieve. Si no puedes permanecer arriba, coloca las manos frente a la nariz y la boca para crear una bolsa de aire.

Tan pronto como te detengas, haz un área lo más grande posible mientras tratas de llegar a la superficie. Usa tu bastón de esquí para hurgar y encontrar aire libre. Para averiguar qué dirección es hacia arriba (a la superficie), escupe y dirígete en la dirección opuesta a la que cae la saliva.

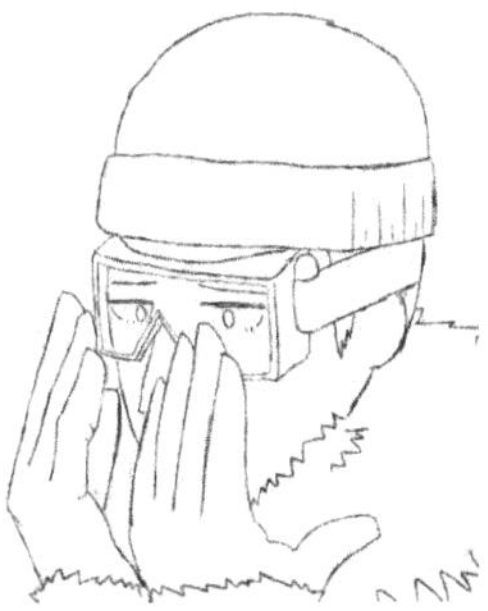

Coloca las manos frente a la nariz y la boca para crear una bolsa de aire.

Desierto

Cualquier área grande y seca de tierra es un desierto. Se caracteriza por poca vegetación y temperaturas extremas.

Nunca viajes a través de él a menos que estés seguro de que tienes suficiente agua para llegar a tu destino. También necesitas algo sobre ruedas para transportar el agua y otros suministros; de lo contrario, perderás más líquido del que puedes transportar para reponerlo.

Para conservar agua, viaja de noche y descansa a la sombra durante el día. Esto también mantiene alta la temperatura de tu cuerpo durante las noches frías. Asegúrate de tener suficiente ropa para el clima frío de la noche.

El desierto te jugará malas pasadas. La mayoría de la gente subestimará las distancias. Lo que crees que es 1 km probablemente serán 3 km. El calor extremo provocará espejismos. Combátelos inspeccionando el área cuando la temperatura es más baja, como al atardecer.

Es más fácil moverse a lo largo del fondo del valle entre dunas.

Ártico y subártico

Los terrenos árticos y subárticos son desiertos fríos. Las temperaturas son extremas y viajar a través de la nieve espesa es duro.

Para que viajar sea más fácil y seguro:

- Siempre cruza un puente de nieve en ángulo recto al obstáculo que atraviesas. Encuentra la parte más fuerte del puente empujando hacia adelante con algo, como un palo o un piolet. Distribuye tu peso gateando o usando raquetas de nieve o esquís.
- Las brújulas no son precisas cerca de los polos (norte y sur). Mejor usa la navegación de supervivencia.
- No viajes cuando la visibilidad sea escasa o cuando haya vientos muy fríos.
- La nieve es más firme al anochecer y al amanecer.
- Usa un bastón para hacer sondeos en busca de peligros.
- Cuando estés sobre agua, evita los témpanos de hielo y navegar demasiado cerca de los acantilados de hielo.

Un par de raquetas de nieve facilitarán tu movimiento debido al aumento de superficie. Improvisa con plantones verdes y paracord (o lo que tengas).

Fabricar raquetas de nieve de emergencia canadienses es bueno cuando el cordaje es limitado. Para hacer eso, necesitarás:

- Postes de 10 x 1,5 m (5 pies) del grosor de tu pulgar.
- Palos de 10 x 25 cm (10 pulgadas) del grosor de tu pulgar.

- Cuerda.

Para construir las bases:

- Coloca cinco de los postes uno al lado del otro para que tus bases estén espaciadas uniformemente a lo largo de uno de los palos.
- Átalos para que se mantengan en su lugar.
- Ata otro palo a la mitad de los postes y un tercer palo a unos centímetros de ese. Los palos dos y tres son donde se asentará el talón. Ata los palos cuatro y cinco donde estarán los dedos de los pies.
- Ata las puntas del poste entre sí.
- Haz la segunda base de la misma manera.

Ata tus zapatos normales a las raquetas de nieve improvisadas.

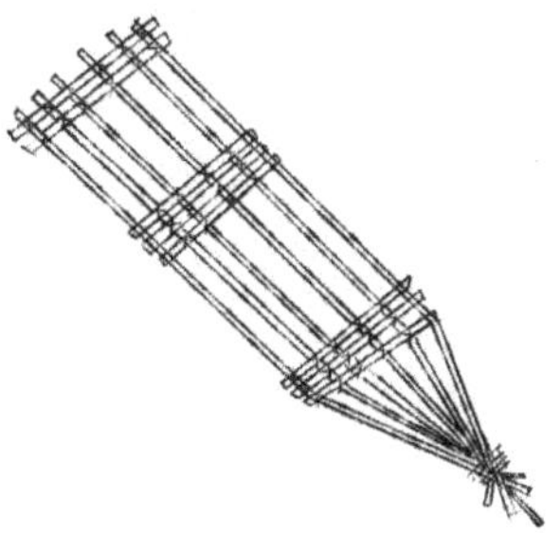

Aquí hay un par de otros diseños que puedes usar, dependiendo de los recursos que tengas.

Para caminar con raquetas de nieve, levántalas lo suficiente para despejar la superficie de la nieve. Asegúrate de que tus pies sostengan la mayor parte de su peso con cada paso. Es decir, no mantengas el equilibrio sobre la punta o el talón de los zapatos.

Cuando tienes que cargar mucho equipo, puedes hacer un travois, que es un trineo para llevar cosas (en lugar de montar). Para hacer uno, necesitarás palos y cuerdas:

- Busca dos ramas bifurcadas del mismo tamaño. Las porciones no bifurcadas son las partes que llevarán cosas.
- Busca siete o más palos del ancho que desees. El número exacto de palos dependerá de la longitud que deba tener el travois.
- Retira un lado de la horquilla en ambas ramas. Estas ramas son los rieles.
- Coloca las guías paralelas entre sí al ancho que desees.
- Ata tres de los palos a los rieles. Sepáralos uniformemente, para que formen cuadrados.
- Ata dos tirantes cruzados en cada cuadrado para crear triángulos.

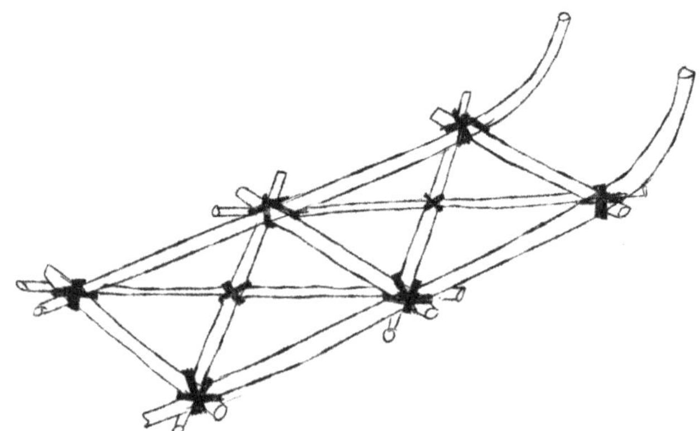

Hielo

Cruzar el hielo es un riesgo que debes evitar. Cuando no tengas otra opción, prueba cada paso cuidadosamente antes de empezar. Si te preocupa que el hielo se rompa, distribuye tu peso recostándote y gateando.

Para reconocer hielo fino:

- Un área delgada de hielo cubierta de nieve será más oscura que el área circundante. Un área delgada sin nieve será más clara.
- Los colores contrastantes en la nieve o hielo indican hielo fino.
- El hielo es más débil cerca de la desembocadura de un río o de la orilla.
- El hielo nuevo es generalmente más grueso que el viejo.
- El hielo de los ríos es generalmente más débil que el de los lagos.
- El hielo cubierto de nieve será más débil. La nieve lo aísla de la congelación y agrega peso.

Escapar de una caída al agua helada no es fácil y el resultado puede ser mortal.

¡NO PRACTIQUES ESTO EN AGUA CON HIELO! En su lugar, realiza los movimientos en una piscina.

Cuando caigas por primera vez en agua helada, comenzarás a hiperventilar. Trata de mantener la calma y mantener la cabeza fuera del agua. Respirar profundamente puede ayudar, pero ten cuidado de no respirar el agua.

Después de uno a tres minutos, la respuesta al choque comenzará a desaparecer. Ahora tendrás unos 10 minutos para salir antes de perder el conocimiento. Cuando tengas tu hiperventilación bajo control, encuentra dónde caíste por primera vez. Deseas salir donde sabes que el hielo era lo suficientemente fuerte como para soportar tu peso, por lo que volver al lugar de donde viniste es tu mejor opción.

Coloca las manos en la superficie y levántate, mientras permaneces lo más plano posible sobre el hielo. Levantarte hacia arriba será mucho menos efectivo y perderás energía.

Patea tus piernas mientras sales del agua. Estará muy resbaladizo.

Cuando estés fuera del agua, acuéstate sobre el hielo y aléjate rodando. Rodar mantiene tu peso distribuido y tiene menos posibilidades de crear más grietas en el hielo.

Si sabes que vas a cruzar territorio de hielo, es muy aconsejable que consigas unos picahielos. Harán que sea mucho más fácil salir del agua, aunque seguirá siendo difícil.

Por lo menos, pon algunos clavos grandes en tu bolsillo para ayudarte a agarrar el hielo cuando necesites salir.

Si no puedes salir, necesitas conservar tu calor y energía. Pon tus brazos sobre el hielo y mantenlos ahí, para que se congelen en la superficie. De esa manera, cuando pierdas el conocimiento, tendrás más posibilidades de no caer al agua.

Nunca vayas hacia alguien que se haya caído al hielo. Enséñale qué hacer desde una distancia segura y sostén algo para que se agarre, como un palo o una cuerda.

Cuando estés fuera del agua, quítate la ropa mojada y caliéntate lo antes posible.

Los automóviles y camionetas necesitan al menos veinte centímetros de hielo sólido transparente para conducir con seguridad. Si estás conduciendo sobre hielo, hazlo lentamente y no te detengas hasta que hayas salido de él. Cruza las grietas en ángulo recto y deja al menos una longitud de un vehículo entre cada dos vehículos.

Ríos y corrientes

Seguir un río, río abajo, es una buena manera de encontrar gente y agua más lenta, excepto en el Ártico si el río fluye hacia el norte.

Evita la vegetación espesa u otros obstáculos que dificultan seguir el río buscando un terreno más alto y luego cortando el río en las curvas. Además, evita los fondos secos de los arroyos y los barrancos sin escape, en caso de una inundación repentina.

Al cruzar un arroyo o río, hazlo en el lugar más seguro posible. A menos que puedas saltarlo, la parte estrecha no es la mejor. Busca agua recta, ancha y poco profunda. La corriente es más rápida en las curvas y generalmente más profunda en canales estrechos. Muchos desechos también son un signo de flujo rápido. Prueba la corriente lanzando una rama y viendo qué tan rápido vas. Las olas pequeñas son generalmente seguras de cruzar. Las olas pequeñas que rompen en la superficie serán resbaladizas.

Aunque puede ser más ancho, el punto donde un río se rompe en canales suele ser un buen lugar para cruzar. La energía de la corriente se disipa allí, y puede haber pequeñas áreas de tierra donde puedes tomar descansos.

Verifica 100 m (33 pies) aguas abajo de donde planeas cruzar. Asegúrate de que no haya ningún peligro en el que puedas verte arrastrado. Considera tus puntos de entrada y salida. Un punto de salida fácil es especialmente importante. Quieres algo bajo y abierto para no tener que trepar ni subirte a nada.

Es posible que puedas evitar mojarte si encuentras un tronco caído que se extiende a lo ancho del río. Si encuentras uno, no intentes caminar sobre él. Es mucho más seguro montarlo y deslizarte a través del río sobre él. Debes estar muy seguro de que aguantará tu peso. Cuando estés en un grupo, haz que solo una persona cruce a la vez.

Vadear es un método de caminar a través del agua. Hazlo en agua no más profunda que la altura del muslo. Al vadear, puedes quitarte los pantalones, la camisa y los calcetines para reducir el arrastre del agua. Hacer esto también te dará ropa seca en el otro lado.

Mantén puestos tus zapatos. No vas a querer arriesgarte a dañar tus pies y querrás que los zapatos te proporcionen tracción.

Ata tu ropa a la parte superior de tu mochila, o en un paquete si no tienes una mochila. La idea es mantener todo junto para que sea más fácil de encontrar si tienes que desecharlo mientras cruzas.

Si vas a caminar con una mochila, llévala sobre tus hombros. Deja el cinturón sin abrochar y afloja las correas de los hombros, para que puedas desechar la mochila si es necesario. No vas a querer luchar para quitártela de encima si la corriente te arrastra. No te preocupes por tener un paquete pesado al cruzar. Te mantendrá más estable.

Si estás vadeando solo, usa una rama fuerte para apoyarte mientras cruzas. Tres patas son mucho más estables que dos.

Colócate río arriba del punto de salida elegido para que puedas cruzar en un ángulo de 45 grados con respecto a la corriente. Mira río arriba, y coloca la punta de tu rama en el fondo del río frente a ti. Mantenlo inclinado y deja que la corriente lo empuje contra tu hombro. Tu rama romperá la corriente y te proporcionará estabilidad. Arrastra los pies hacia los lados y un poco río abajo al otro lado del río. Da pasos pequeños y bajos. No cruces los pies

Mantén siempre al menos dos puntos de contacto con el fondo del río. No te muevas demasiado en ambos lados de la rama. No quieres apoyarte.

Vuelve a colocar la rama solo una vez que tus pies estén bien estables en el fondo del río. Muévela en pequeños incrementos, sintiendo dónde vas a dar el siguiente paso. Levántala del fondo del río solamente lo necesario.

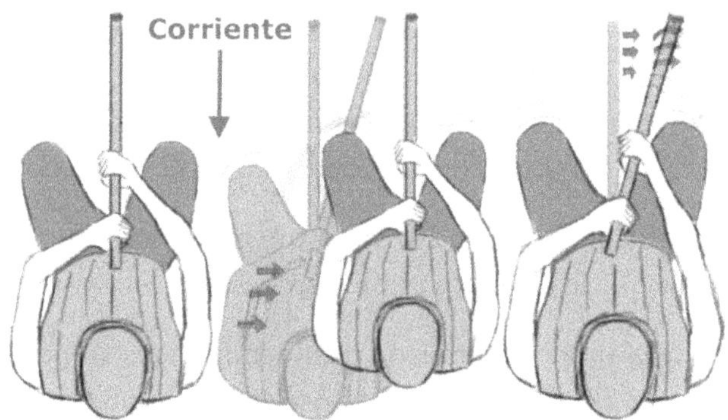

En el mar

Cuando estés en el mar en una balsa, usa la corriente o el viento para llevarte a donde quieras ir.

Para usar la corriente, desinfla un poco tu balsa para que se deslice despacio en el agua. Mete tu ancla en el mar y mantente agachado en la balsa.

Para usar el viento, necesitas una vela. Infla la balsa para que suba más alto, saca el ancla del mar y siéntate para que tu cuerpo atrape el viento.

Si improvisas una vela, evita que la balsa se vuelque sosteniendo el fondo con las manos, para que puedas soltarla rápidamente si hay una ráfaga de viento repentina.

Cuando estés en aguas turbulentas, mantente bajo y haz fluir el ancla de mar desde la proa (frente). Atar las barcas salvavidas una con otra mejorará tu estabilidad.

Busca lo siguiente para indicar que hay tierra cerca:

- Viento constante con oleaje decreciente. La tierra está a barlovento.
- Un poco de color verde en la parte inferior de las nubes.
- Nubes de cúmulos aislados.
- Agua fangosa, que indica sedimentos de la desembocadura de un río grande.
- Agua de color más claro, que indica aguas poco profundas.
- Aves marinas volando. Se alejan de la tierra antes del mediodía y regresan a ella por la tarde.
- Olores y sonidos de la tierra, incluidos: el humo, la vegetación, el oleaje, los animales, etc.

Las nubes de cúmulos se ven «hinchadas» con bases planas.

Cuando encuentres tierra, debes llegar a ella de manera segura. Espera hasta que sea de día para elegir un punto donde vas a tocar tierra y selecciona uno desde el que sea fácil llegar a una playa o nadar hasta la orilla. El lado a favor del viento en una isla suele ser mejor.

Mientras te acercas a la orilla, evalúa las características del paisaje (terreno elevado, vegetación, canales de agua, etc.). Elige un punto de encuentro en caso de que se separen.

Asegura todo tu equipo a tu cuerpo y alista una ayuda de flotación. Permanece en la balsa el mayor tiempo posible.

Quita la vela y echa un ancla de mar para mantenerte apuntando a la orilla, a menos que estés atravesando un coral. Trata de encontrar interrupciones en las olas. Las olas generalmente ocurren en grupos de siete, de pequeñas a grandes. Mantente alejado de rocas, hielo y otros obstáculos.

Cuando te acerques, rema con fuerza y usa las olas para llevarte a la orilla. Si el oleaje es fuerte, apunta hacia el mar y rema hacia las olas que se acercan. Para evitar ser arrastrado hacia el mar, haz que la balsa sea lo más liviana posible y saca el ancla.

Cuando la corriente subterránea intente llevarte de regreso, llena parte de la balsa con agua y lanza el ancla hacia la orilla.

Obtén más información sobre la seguridad en el agua y la supervivencia en *Natación de Supervivencia*:

www.SFNonFictionbooks.com/Foreign-Language-Books

Costas

Cuando te mueves a lo largo de una costa, ten cuidado de que la marea no te interrumpa. Puedes ver qué tan lejos subirá la marea alta por la orilla si te fijas en:

- La línea de escombros (malezas, conchas, basura, etc.).
- Cambios en la textura de la arena.
- Cambios de color en rocas o acantilados.

En lugares donde la playa cae abruptamente en aguas profundas, habrá una fuerte resaca. Si debes entrar, ten una cuerda de seguridad que te ancle a la orilla.

Viajes en grupo

Cuando viajes en grupo, asegúrate de que todos conozcan la ruta y los puntos de reunión en caso de que se dividan.

Haz que una o dos personas (exploradores) se adelanten para encontrar las mejores rutas. Designa a alguien que regrese al grupo principal para asegurarse de que los exploradores mantengan la dirección. Releva a los exploradores con frecuencia.

Durante los tiempos de descanso, espera a que todos te alcancen. Revisa y ajusta el equipo, rehidrátate y reabastece el combustible, ocúpate de lesiones, etc. Recuerda, eres tan rápido como los miembros más lentos de tu grupo.

En situaciones de encubrimiento, considera dividirse en parejas. Dos cabezas son mejores que una, pero un grupo grande es más fácil de rastrear. Establece un punto de reunión si quieres volver a encontrarlos más tarde.

SUPERAR OBSTÁCULOS

Los obstáculos son cualquier cosa que te ralentice mientras te mueves o lugares donde es más probable que te vean.

Evita los obstáculos siempre que sea posible, especialmente los que son intrínsecamente peligrosos en sí mismos. La única excepción es el movimiento nocturno. Es mejor moverse de noche, excepto cuando el terreno no lo permite.

Observa un obstáculo desde la distancia antes de cruzarlo. Busca la mejor manera de cruzar y el mejor momento para moverte.

Cuando se trata de sigilo, hay un orden de preferencia sobre cómo cruzar obstáculos. El que elijas depende de la dificultad de realizarlo y del factor tiempo.

- **Alrededor**. Si no agregas exposición riesgosa (por ejemplo, luz, tiempo).
- **Por debajo**. Excava o levanta la parte inferior.
- **A través**. Encuentra un punto débil y haz un agujero si es necesario.
- **Por encima**. Cruza rápidamente y mantén tu perfil tan bajo como sea posible. Para evitar lesiones, aterriza sobre tus dos pies y rueda si es necesario.

Por la noche

Al moverte por la noche, debes hacer concesiones entre las rutas más fáciles y las más seguras.

Evita el uso de luz, especialmente luz blanca. Memoriza tu ruta para minimizar la necesidad de consultar tu mapa.

Una media luna proporciona una buena cantidad de luz para movimientos sigilosos. Te permite ver adónde vas mientras te mantiene oculto.

Escaleras

Muévete a lo largo de los bordes de las escaleras más cercanas a la pared. El medio hará más ruido.

Alrededor de las esquinas

Acuéstate y mira a la vuelta de la esquina. No te expongas más de lo necesario.

Ventanas y espejos

Mantente cerca del costado del edificio y pasa por debajo del nivel de la ventana o espejo.

Cercas u obstáculos de alambre

Asegúrate de que las cercas no estén electrificadas ni equipadas con otros dispositivos de seguridad. Busca:

- Señales de advertencia.
- Cables desnudos que entran en aisladores.
- Animales pequeños muertos.

Para pasar por debajo de un cable, deslízate de cabeza sobre tu espalda empujando hacia adelante con los talones. Coloca un trozo de madera (o algo similar) a lo largo de tu cuerpo para que el alambre se deslice a lo largo de él. Estira hacia adelante con tu mano libre y palpa para encontrar el siguiente hilo de alambre, si lo hay.

Cuando pasar por debajo no es práctico, intenta ir a través de él. Corta las hebras inferiores para que haya menos señales de manipulación. Para hacer esto en silencio, sostén el cable cerca de su soporte y corta entre tu mano y el soporte. Esta técnica también evita que los extremos salgan volando.

Para reducir aún más el ruido, corta parcialmente el cable y termina de cortarlo doblándolo hacia adelante y hacia atrás. Si es necesario, coloca una estaca en el cable para dejar espacio para pasar.

Si hay un cable bajo de obstáculo, pásalo con cuidado. Para trepar por encima de los más altos, busca asideros cerca de los postes de apoyo.

Si se trata de alambre de púas, debes tener especial cuidado de no engancharte. Antes de trepar, cubre el cable con cualquier material plano y pesado, como:

- Alfombra
- Manta gruesa.
- Varias capas de cartón.

El alambre de navaja es muy peligroso. Si no tienes otra opción, usa un palo curvo para tirar del cable hacia abajo y cúbrelo con material pesado antes de trepar.

Pared sólida

Si no puedes rodearla, pasarla por debajo o atravesarla, busca un lugar bajo para trepar por encima de ella.

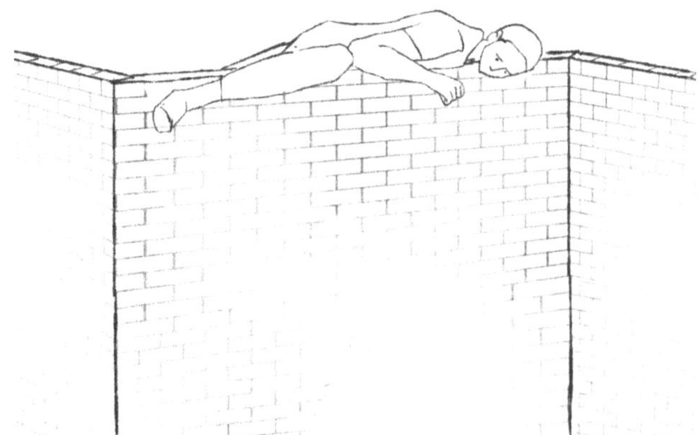

Prueba la integridad de la pared sujetándola y tirando de ella ligeramente hacia abajo. Aumenta gradualmente la fuerza hasta que levantes tu cuerpo del suelo.

Comprueba si el otro lado está despejado (si es posible) y, si lo está, pasa la pared lo más rápido posible.

Para aprender a correr por paredes altas y superar otros obstáculos, consulta *Entrenamiento Esencial de Parkour*:

www.SFNonFictionbooks.com/Foreign-Language-Books

Áreas abiertas

Las áreas abiertas son aquellas que tienen poca o ninguna cobertura, como campos de césped. Crúzalas solo si no hay otra forma práctica de evitarlos.

Para atravesar áreas abiertas, elige el terreno más bajo posible (surcos, por ejemplo) y baja tu perfil tanto como sea práctico. Considera la velocidad frente a la necesidad de ocultarse.

En el césped, intenta sincronizar tu movimiento con el momento en que sopla el viento y cambia ligeramente de dirección de vez en cuando al cruzar. Esto ayuda a ocultar el camino de tu movimiento.

Carreteras, senderos y vías férreas

Nunca te muevas por carreteras en una situación encubierta. Para cruzarlas, usa puntos estrechos con poco tráfico y encubrimiento para minimizar tu exposición (arbustos, sombras, una curva en la carretera, terreno bajo, etc.).

Usa una corrida baja para cruzarlas.

Ten cuidado con las áreas sin tráfico, ya que pueden tener trampas.

Precaución: Si hay tres rieles en las vías del tren, uno puede resultar electrificado.

En territorio público, pero hostil

Evita el contacto con los lugareños, especialmente los niños y los perros. Si es posible, pasa por los alrededores de las áreas pobladas.

Haz todo lo posible por integrarte antes de entrar. Usa ropa local, cúbrete la piel, límpiate, etc.

A menos que domines el idioma local, no hables. En su lugar, mira hacia abajo y pasa sin hacer caso a cualquiera que intente entablar conversación.

Puentes

Evita cruzar puentes. Es mejor cruzar nadando. Puedes esconderte bajo el agua y usar una caña o una pajita para respirar.

Cuando la masa de agua sea demasiado peligrosa, espera el momento oportuno y cruza el puente lo más rápido posible.

Si quedas atrapado en el puente y la muerte es inminente, salta al agua. Esto es muy peligroso, especialmente si no conoces la profundidad del agua. Al saltar, intenta aterrizar en el canal por donde pasan los barcos debajo del puente. Esta área generalmente se encuentra en el centro, lejos de las orillas.

Mantente alejado de cualquier área cerca de pilones que sostengan el puente. Pueden acumularse escombros en estas áreas y puedes golpearlos cuando saltes al agua. Salta con los pies primero, manteniendo el cuerpo completamente vertical. Junta bien los pies, aprieta el trasero y protege la entrepierna con las manos.

Después de entrar al agua, separa los brazos y las piernas y muévelos hacia adelante y hacia atrás para reducir la velocidad del descenso.

Capítulos Relacionados

- Observación

PREDECIR EL MAL TIEMPO

El mal tiempo dificulta que tu enemigo te siga el rastro, pero el mal tiempo puede ser peligroso para tu supervivencia. Aprender a leer las señales del mal tiempo de la naturaleza te permitirá planificar y prepararte adecuadamente.

Individualmente, ninguna de estas señales es una forma particularmente precisa de predecir el clima. Usa algunas de ellas juntas para obtener mejores resultados.

Nubes

Hay muchos tipos de nubes, pero es mejor simplificar las cosas. Aquí hay algunas que te dirán más sobre el clima que se avecina.

En general, cuanto más altas son las nubes, mejor es el clima, mientras que las nubes bajas y oscuras suelen traer lluvia. Considera la dirección del viento para predecir qué clima se dirige hacia ti.

Las nubes cumulonimbos son nubes de tormenta. Son bajas, oscuras y tienen la parte superior plana, como yunques.

Las nubes cúmulos son blancas y esponjosas. Cuando se separan, traen buen tiempo. Si son grandes y están agrupadas, espera lluvias repentinas.

Un manto de nubes grises trae llovizna, lluvia ligera a moderada o nieve.

Las nubes grises por la tarde traen lluvia, pero por la mañana indican un día seco.

Un cielo sin nubes al atardecer significa que te espera una noche fría. Si hay un cielo despejado al amanecer, probablemente el día será caluroso, a menos que sea el primer día de una ola de frío.

Viento

Un cambio repentino en el viento generalmente viene con un cambio de clima de algún tipo.

Los vientos que provienen de una dirección específica a menudo traen un clima similar en todo momento. Por ejemplo, en el hemisferio norte, los vientos del sur a menudo traen lluvia.

La niebla y la neblina juntas crean condensación, pero significa que es poco probable que llueva. Si el viento se lleva la niebla, existe la posibilidad de que llueva.

Animales

Los animales continúan en sintonía con la naturaleza y sienten el mal tiempo antes que la mayoría de los humanos. Cuando viene la lluvia:

- Los animales en general se vuelven más ruidosos.
- Los pájaros vuelan más bajo.
- Las ranas permanecen en el agua.
- Los animales de pastoreo se reúnen y alimentan más.
- Aumenta la actividad de los insectos (excepto las abejas, que desaparecen).
- Las gaviotas permanecen cerca de la tierra.
- Las arañas permanecen en el centro de sus telarañas.

Varias señales de mal tiempo

Otras señales de que se acerca mal tiempo incluyen:

- Aparecen dolores y molestias corporales.
- El humo de la fogata se arremolina o cae hacia el suelo.
- Las líneas de estelas de los aviones a reacción no se disipan en dos horas.
- El aire se vuelve húmedo (las paredes pueden «sudar», por ejemplo).
- Cierre de flores y hojas de árboles.
- Mejora tu vista y audición.
- Los manantiales naturales fluyen más rápido.
- Aparece un arcoíris por la mañana.
- Hay un cielo rojo por la mañana (un cielo rojo por la noche suele ir seguido de varios días despejados).
- Las cuerdas se hinchan.
- Las coronas (los círculos que aparecen alrededor del sol y la luna) se encogen.
- El sonido llega más lejos.
- El olor a vegetación se vuelve más distintivo.
- La temperatura no baja por la noche.

Que notes una o dos de las señales anteriores no garantiza el mal tiempo, pero si notas varias de ellas, puedes estar bastante seguro de que algo se avecina.

Señales de que se despeja el clima

Aquí hay algunas señales de que el clima se despejará pronto.

- Las abejas aparecen de nuevo.
- Nubes que se elevan, se rompen o se aclaran en color.
- Aparecen parches de cielo azul a través de las grietas en las nubes.
- Gotas de lluvia cada vez más pequeñas después de un cambio de dirección del viento.
- Cambio de dirección del viento.
- La caída de nieve es cada vez más fina.
- La temperatura desciende rápidamente.

REFUGIOS

Construir un refugio no es ideal en una situación de supervivencia evasiva. Se toma mucho tiempo y puede dejar grandes señales de presencia. Pero, si has estado huyendo durante suficiente tiempo, eventualmente necesitarás descansar, ya sea para evitar lesiones o para protegerte del clima extremo.

Cuando hace buen tiempo, meterte en la vegetación más espesa que puedas encontrar te mantendrá escondido. Si la vegetación es lo suficientemente espesa, incluso evitará que te caiga una lluvia ligera. Otra opción es cavar una depresión, meterse y cubrirse de follaje.

Cuando el clima es extremo, es necesario construir un refugio. La clave para un buen refugio evasivo es mantenerlo simple. Necesitas que sea rápido de montar y desmontar, y que muestre el menor signo de presencia mientras lo ocupas y después de que te vayas.

Las maneras específicas de hacer refugios se detallan en los siguientes capítulos, pero hay algunos puntos adicionales que primero debes conocer para construir un refugio en el desierto o en la nieve.

Refugios en el desierto

En el desierto, es vital mantenerse fresco durante el día. Si tienes algún material para construir tu refugio, utilízalo de una manera que maximice el flujo de aire:

- Coloca el material a unos 50 cm (20 pulgadas) de tu cabeza.
- Crea un espacio de aire de 40 cm (15 pulgadas) entre las láminas. Evita cortar el material. Mejor dóblalo por la mitad.
- Colócalo de manera que el lado más claro mire hacia afuera para reflejar el calor, pero solo haz esto si no atrae a tu enemigo.

Refugios en la nieve

En la nieve, debes mantenerte abrigado cuando no te estás moviendo y es posible que tengas que hacer bloques de nieve para construir tu refugio.

Elige nieve que puedas cortar, pero que también sea lo suficientemente fuerte para soportar tu peso. Haz los bloques de 50 cm x 50 cm (20 pulgadas) y 15 cm (6 pulgadas) de grosor. Cuando construyas tu refugio de nieve, asegúrate de que la entrada no esté orientada al viento. Aísla los pisos con vegetación (o lo que esté disponible) y apila nieve alrededor de los lados.

Cepilla toda la nieve y la escarcha antes de entrar, y mantén una pala cerca en caso de que necesites excavar.

Es mejor mantener tu refugio al menos a 5 m (15 pies) del borde de un cuerpo de agua, incluso si el agua está congelada. La congelación y descongelación del hielo o agua cambiará su nivel.

ROPA

La ropa adecuada puede evitar la necesidad de construir un refugio y puede ayudar a protegerte cuando estás en movimiento. A continuación, se ofrecen algunos consejos generales para sacarle el mayor partido a la ropa, así como para improvisarla.

No importa en qué entorno te encuentres, la ropa holgada es lo mejor. Cubre la mayor cantidad de piel posible y cuida lo que tienes. Mantener tu ropa limpia y seca prolongará tu vida. Realiza las reparaciones lo antes posible para evitar que los daños empeoren, y mantén siempre la ropa fuera del suelo, agítala bien antes de ponértela.

Vestirse para mayor abrigo

Para optimizar el aislamiento, usa el sistema de capas. Cuantas más capas tengas, más abrigado estarás. Si eso no es suficiente, coloca materiales aislantes secos (hojas, pasto, plumas, musgo, papel, espuma del asiento del automóvil, etc.) entre tus capas de ropa.

Las prendas exteriores deben ser a prueba de viento, pero no impermeables. Las pieles de animales son ideales y la lana es mejor que el algodón. Si hay ropa hecha con materiales mejorados, úsala.

Impermeabilización

El plástico es un buen material impermeabilizante, pero no respira. Úsalo para protegerte de la lluvia, pero ten cuidado de que obstaculice la ventilación.

Cuando no haya plástico disponible, usa grandes secciones de corteza de abedul. Desecha la corteza exterior e inserta la capa interior debajo de tu ropa exterior.

Polainas

Las polainas protegen la parte inferior de tus piernas de los insectos, el follaje bajo, la arena, la nieve, etc. La mayoría de los materiales funcionarán. Envuélvelas alrededor de tus piernas y átalas en su lugar.

Sombreros

Usar un sombrero te protege del sol y evitará que el calor corporal se escape por tu cabeza.

Puedes improvisar sombreros con un poco de cuerda, un pañuelo y un trozo de tela de 120 cm x 120 cm (50 pulgadas x 50 pulgadas). Este diseño te protege del sol al tiempo que asegura la ventilación, lo cual es importante en el desierto y otras áreas calientes.

- Convierte el pañuelo en un fajo en la parte superior de tu cabeza.
- Dobla la tela en diagonal en forma de triángulo y colócala sobre el pañuelo, con el borde largo hacia adelante.
- Asegúralo alrededor de su cabeza con un trozo de cuerda.

Si solo tienes una pieza de material, puedes omitir lo del espacio de ventilación y usarlo como keffiyeh. Dobla el material en diagonal formando un triángulo y colócalo sobre tu cabeza, con el borde largo hacia adelante. Dobla el lado izquierdo de la tela hacia el lado derecho de tu cara, justo debajo de tus ojos.

Envuélvelo alrededor de tu cabeza y mételo dentro. Haz lo mismo con el lado derecho hacia la izquierda.

Puedes cubrirte la boca o la nariz o tirar de esa parte hacia abajo.

Protección contra mosquitos

Los mosquitos son molestos y un riesgo para la salud. La mejor protección contra ellos es mantenerse cubierto, especialmente al anochecer, amanecer y durante la noche. Cuando tu ropa es inadecuada, puede ser útil cubrir la piel expuesta con aceite, grasa o barro. El humo de la fogata ahuyenta a los mosquitos y otros insectos, pero no es una buena idea en una situación de encubrimiento.

Poncho

Improvisa un poncho con cualquier pieza de material que sea lo suficientemente grande, como una manta o sábana. Usa plástico si quieres que sea impermeable. Encuentra el centro del material y corta un agujero para que pase tu cabeza.

Zapatos

Proteger tus pies es importante. Haz mocasines improvisados con dos piezas de tela de 1 metro cuadrado (mientras más capas, mejor) y cuerda (opcional).

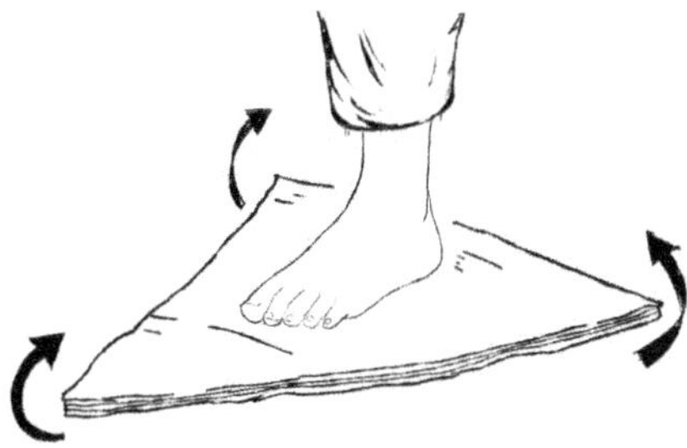

- Si tienes varias capas, colócalas una encima de la otra.

- Dobla las capas en un triángulo.
- Coloca tu pie en el centro, con los dedos hacia la esquina.
- Dobla la parte delantera sobre los dedos de tus pies, luego dobla las esquinas laterales sobre el empeine.
- Asegura cada zapato con una cuerda o metiendo las capas entre sí.

Puedes hacer suelas más gruesas con otro material, como neumáticos de goma o corteza. Cuando tengas suelas y cuerda, pero no tela, haz agujeros alrededor de los bordes de las suelas y átalas como si fueran chanclas.

Falda

Las faldas son buenas para los climas cálidos. Envuelve cualquier pieza de material lo suficientemente grande a tu alrededor como un pareo. Átalo en su lugar si tienes cuerda. Alternativamente, corta hojas y fibras en tiras largas y átalas alrededor de un «cinturón» de cuerda para que cuelguen como una falda de hula.

Gafas de sol o nieve

Las gafas ayudan a proteger tus ojos del polvo, el resplandor y otras cosas. Para hacer gafas de sol improvisadas:

- Busca una tira de tela lo suficientemente ancha para cubrir tus ojos y lo suficientemente larga para atarla alrededor de tu cabeza.
- Coloca el centro de la tela entre tus ojos y marca donde se sientan tus ojos.
- Corta pequeñas ranuras horizontales donde lo marcaste.
- Ata la tela alrededor de tu cabeza para que puedas ver a través de las ranuras.

Cuando no tengas suficiente tela, usa corteza. Otra manera de reducir el resplandor es aplicar hollín debajo de los ojos.

SEGURIDAD DEL ALBERGUE

Eres más vulnerable cuando estás dormido, especialmente si te persiguen. Ocultar tu refugio es tu primera línea de defensa. Acampa en lugares que es poco probable que registren y haz todo lo posible para minimizar las señales de tu presencia:

- Constrúyelo bajo y pequeño.
- Camufla el techo y los costados con vegetación de los alrededores.
- Cubre tus huellas de entrada (cepíllalas con una rama frondosa, por ejemplo).
- Recolecta la comida y el agua, cocina, limpia, etc., lejos de donde vayas a dormir.

También debes considerar los peligros naturales como: la caída de madera muerta, los lechos de los ríos, las avalanchas, los senderos (animales o humanos) y otras cosas, según tu ubicación.

Un refugio bien escondido es bueno, pero un poco de seguridad adicional ayuda mucho. Construye tu refugio para que puedas ver la probable dirección de aproximación de tu enemigo y mantén tus cosas empacadas en caso de que necesites salir apresuradamente. Planifica múltiples rutas de escape y duerme con un arma.

Cuando estés en un grupo, determina tus puntos de reunión y ten al menos un vigía en todo momento.

Desmonta tu refugio cuando te vayas, para que parezca que nunca estuviste allí. Enmascara tu aroma cubriendo el área donde dormiste con tierra y escombros.

Gancho de botón

Un gancho de botón es un tipo de pista engañosa. Te permite observar tu camino de aproximación para que puedas ver a tu rastreador antes de que él llegue a ti. Si ves a tu enemigo, puedes escapar o tenderle una emboscada. Para hacer un gancho de botón, camina recto más allá de tu refugio y circula de regreso en una J.

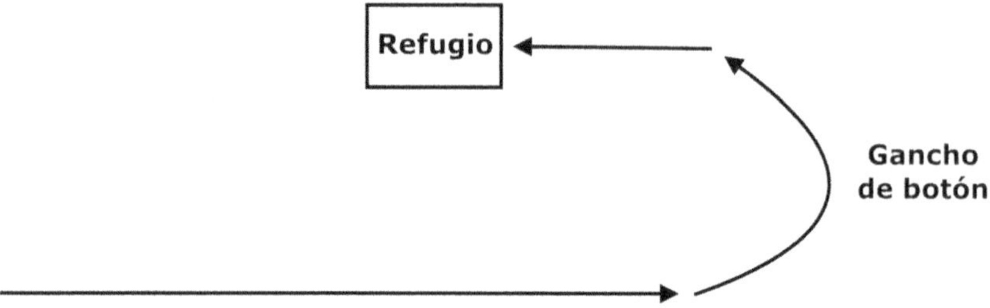

Protectores del camino

Los protectores de caminos son sistemas de advertencia o trampas que te protegen de los depredadores que se acercan, ya sean humanos o animales. Colócalos en todos los caminos posibles de aproximación de una manera que utilices obstáculos naturales para canalizar a los depredadores hacia ellos, como se explica a continuación. Ten cuidado de no toparte con los protectores de tu propio camino. Si estás en un grupo, asegúrate de que todos sepan exactamente dónde están los protectores.

Desmonta y cubre cualquier señal de los protectores del camino antes de partir.

Aquí hay algunos sencillos protectores de camino. Los más complicados (por ejemplo, trampas de cables) son excelentes para la seguridad a largo plazo, pero no vale la pena el esfuerzo para los propósitos rápidos de «dormir y salir» del sobreviviente evasivo.

Trituradora de suelo. Cubre el piso con algo que cruja al pisarlo.

Bandera roja. Esto te advierte si alguien estuvo allí mientras tú no estabas. Es cualquier cosa que coloques que se haya movido. Este objeto debe ser algo que un intruso pensaría que normalmente estaría allí, como una rama al otro lado de un sendero.

Trampa de caída. Usa la trampa de caída si quieres herir a tu enemigo. Cava un pequeño agujero y clava púas de madera en él. Cubre la parte superior con follaje del área circundante para que se mezcle. Puedes cubrir las puntas de las espigas con veneno natural de plantas o ranas si tienes el conocimiento.

Capítulos Relacionados

- Evadir Rastreadores

REFUGIOS EXISTENTES

Encontrar un refugio existente te ahorrará tiempo y energía, pero puede ser un lugar obvio donde tu enemigo te busque. Negocia el costo y el beneficio cuidadosamente.

Refugio listo para usarse

Este es cualquier refugio en el que no necesitas hacer nada, como un vehículo abandonado, un lugar debajo de los puentes o una cabaña abandonada.

Ten cuidado con los habitantes existentes. Busca con cuidado huellas de animales o humanos y heces cercanas. Si parece que un depredador, tal como un oso, duerme allí, encuentra otro lugar.

Refugio de cueva

Una cueva es un tipo de refugio prefabricado, pero con algunas cosas adicionales que debes tener en cuenta:

- Puede ser inutilizable por la marea.
- Inundación.
- Desprendimiento de rocas.

Si tienes la opción, elige una cueva sobre un valle, así podrás mantenerte seco cuando llueva.

Para mayor calidez, puedes:

- Hacer paredes a través de los puntos de entrada con rocas o troncos.
- Aislar el suelo.
- Crear un fuego. Hazlo en la parte trasera de la cueva para retener el calor. También ahuyentarás a los animales, así que asegúrate de que tengan una ruta de escape.

Consigue usar algo que se quite para bloquear la entrada, pero ten cuidado de no bloquear la ventilación.

Refugio cortavientos

Un refugio cortavientos es suficiente para protegerte de la sensación térmica, pero probablemente no te protegerá de las fuertes lluvias. Los posibles refugios cortavientos incluyen: árboles caídos, rocas, troncos huecos, el interior de arbustos, afloramientos rocosos, montículos de tierra, terraplenes rebajados, bloques de nieve, etc.

Para aumentar tu comodidad, aísla el piso y excava un canal de drenaje de agua.

En un clima frío, coloca la entrada a favor del viento para evitar el frío. En un clima más cálido o tropical, coloca la entrada contra el viento para mantener alejados a los mosquitos.

A continuación, se muestra un ejemplo de un refugio cortavientos de un árbol caído.

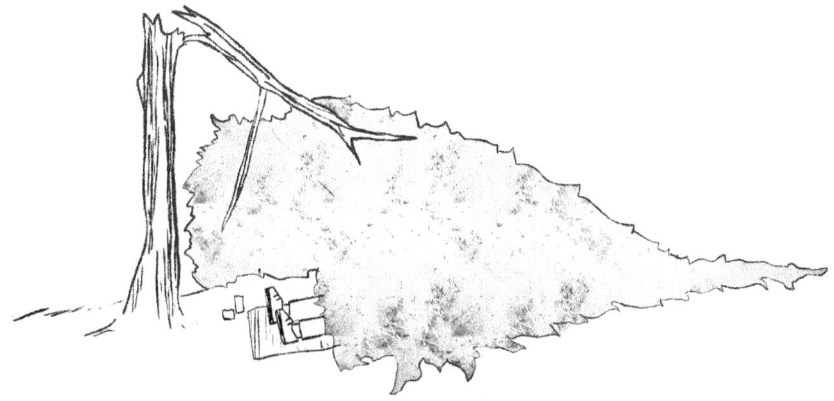

Refugio de nieve en forma de árbol

Este es un refugio para la nieve fácil de construir que está oculto y te ofrece una vista de 360 grados. Para hacer uno, excava la nieve alrededor de un árbol grande. Usa follaje para cubrir la parte superior y para aislar la parte inferior.

Para ahorrar trabajo, puedes excavar solamente un lado. Excava el lado de sotavento.

Campo abierto

Cuando estés en terreno abierto, excava una depresión y cúbrete con tierra y follaje. Por lo menos, siéntate de espaldas al viento.

REFUGIOS DE APOYO

Un refugio de apoyo es básicamente un refugio rompevientos mejorado, pero también puedes hacerlo independiente si es necesario.

Para hacer un albergue de este tipo, usa un refugio cortavientos como base. Coloca palos contra él, luego agrega ramas verdes superpuestas con las puntas hacia abajo, comenzando desde la parte inferior. Esto ayudará a evitar la lluvia.

Apila hojas a tu alrededor para protección adicional. Cualquier pieza grande de material, como un poncho, lona o manta de supervivencia, puede reemplazar el follaje. Fíjalo con tierra, rocas o ramas.

Los materiales que no son impermeables aún pueden evitar la lluvia ligera. Inclínalos abruptamente, duplícalos y deja un pequeño espacio entre las capas.

Camufla el refugio lo mejor que puedas.

A continuación, se muestran algunos ejemplos de refugios de apoyo.

Contra un árbol

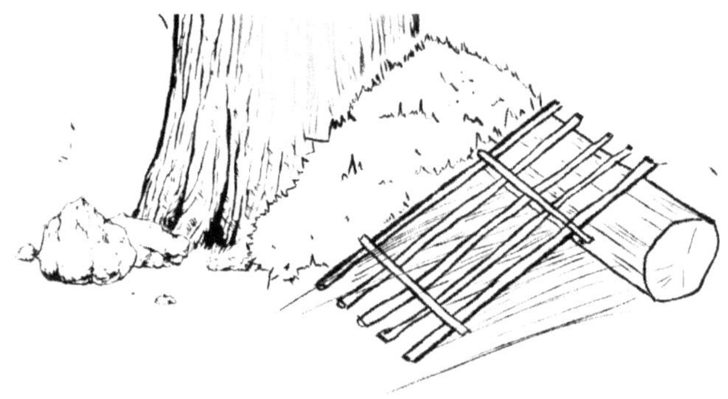

Contra un tronco

Independiente

Usa bloques de nieve

REFUGIO DE TRINCHERA

Los refugios de trinchera son buenos en lugares donde hay poca vegetación como entornos arenosos. Funcionan bien en una situación evasiva porque son difíciles de detectar desde lejos, incluso si hay poco encubrimiento.

Para hacer un refugio de trinchera, busca una depresión entre dunas o rocas, o excava una zanja lo suficientemente larga y ancha para que puedas dormir. Hazla poco profunda para que sea menos trabajoso cavar y sea más difícil de localizar.

Usa lo que excavaste para construir lados. Mantén un lado corto abierto como entrada. Haz un techo con palos y vegetación o material, y camufla la parte superior y los lados con el mismo material que el suelo a tu alrededor.

Aquí hay uno improvisado para climas cálidos. Tiene un espacio en el material para optimizar el enfriamiento. Ubícala de norte a sur para que reciba menos sol.

En climas fríos, orienta tu refugio para que el viento golpee los lados largos y haz la entrada en el extremo inferior. En el Ártico, crea ladrillos de nieve y apóyalos unos contra otros para formar un techo. Rellena los huecos con nieve y aísla el suelo.

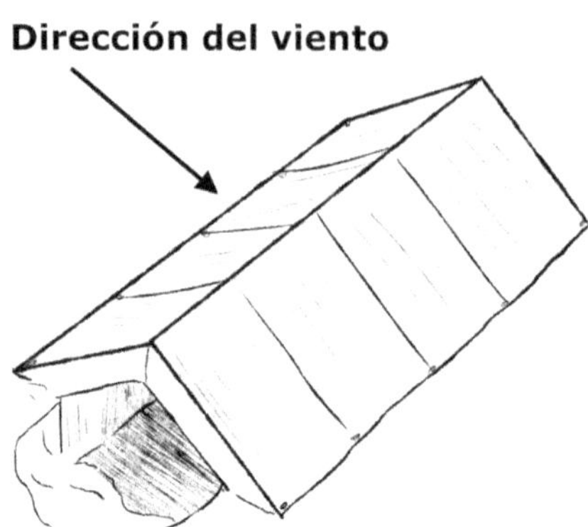

CAMAS IMPROVISADAS

En selvas, pantanos y terrenos similares, es mejor dormir apartado del suelo. Esto te mantendrá fresco, seco y sin que te molesten los insectos rastreros.

Cama apilada

Para construir una cama apilando cosas, busca cuatro árboles (o postes en el suelo) en un rectángulo, espaciados lo suficiente para acomodar tu cuerpo. Apila palos y ramas a lo largo en el interior de los árboles hasta que haya suficiente material para elevar la superficie para dormir tan alto como lo necesites (por encima del nivel del agua en un pantano, por ejemplo).

Cama y refugio con armazón en «A»

Una cama con armazón en A es bastante fácil de hacer y puede servir como refugio.

Primero, crea un marco en A amarrando los postes entre sí. Coloca dos postes uno al lado del otro, de manera horizontal. Ata los postes a la izquierda de donde pretendes hacer el resto del amarre. Coloca el extremo corto horizontalmente entre los dos postes a la derecha de tu nudo, de modo que puedas atarlos.

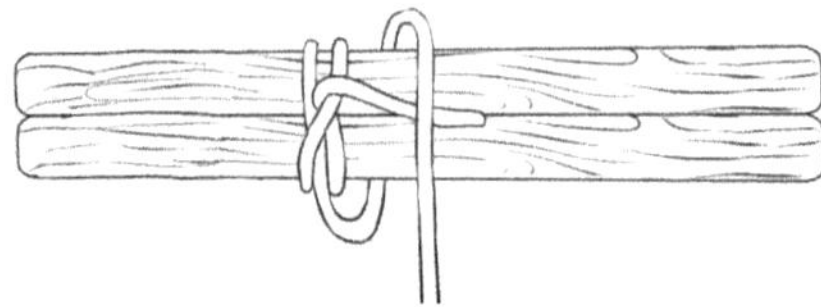

Envuelve el extremo del cable alrededor de los dos postes. Es necesario que esté apretado, pero no demasiado.

Hazle al menos tantas vueltas como sea necesario para que el amarre tenga la misma longitud que el ancho de los dos postes.

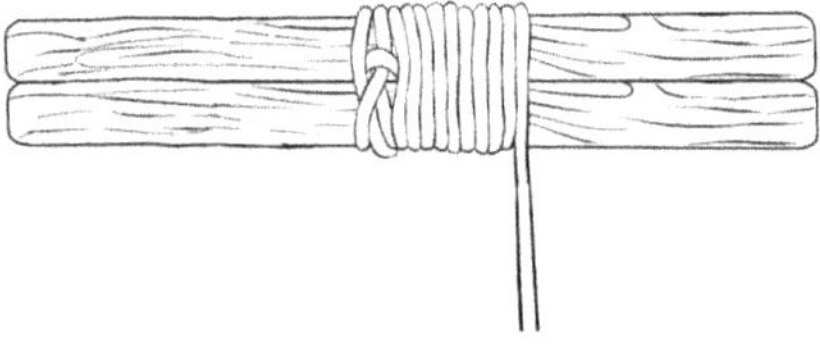

Haz giros cruzados pasando el cable entre los dos postes del lado derecho y luego subiendo el cable entre ellos a la izquierda.

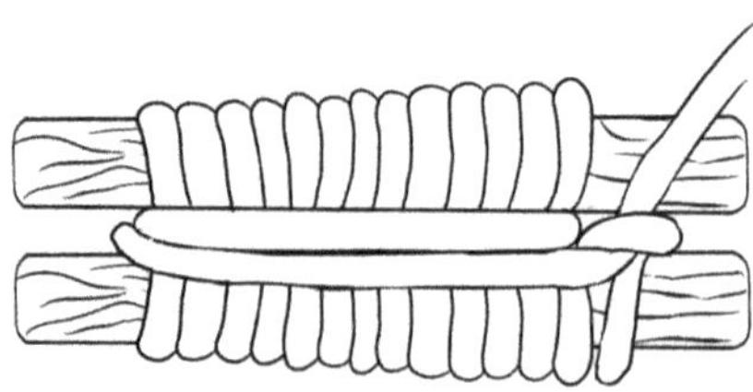

Haz dos giros cruzados y termina atando el cable en un extremo alrededor de uno de los postes. Separa las piernas para hacer el armazón en A.

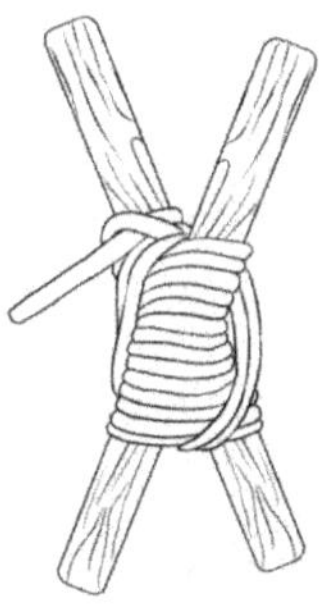

Ata dos postes adicionales entre los marcos en A para la plataforma de la cama. Une estas plataformas con largos postes para hacer tu cama.

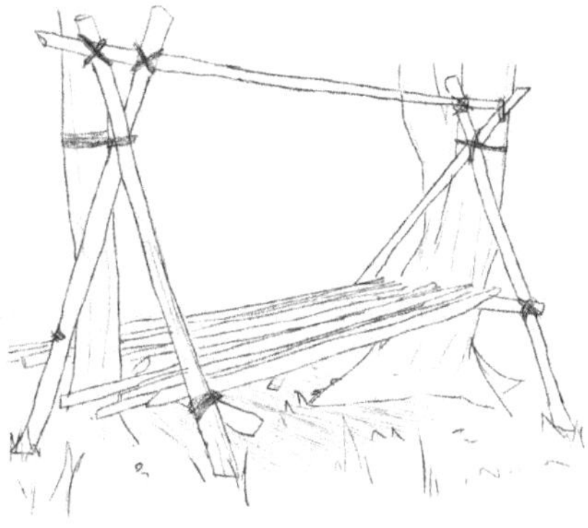

Haz una cubierta para protegerte y acolchar tu cama (opcional).

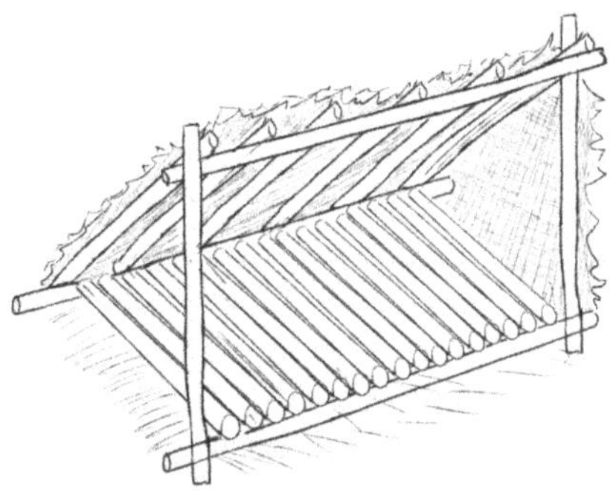

Cama de tubo

Una cama de tubo es más rápida de hacer y más cómoda, pero necesitas una pieza grande de material para hacerla.

Encuentra dos postes lo suficientemente largos como para la longitud de tu cama. Coloca tu material y coloca los postes sobre él, lo suficientemente espaciados como para que puedas dormir. Envuelve el material alrededor de ellos.

Construye o busca un par de «estantes» para colocar tu cama de modo que esté suspendida del suelo. Cuando duermas sobre ella, tu peso fijará el material en su lugar.

Esta variación de la cama de tubo utiliza el marco en A para sostener el material y evitar que la cama se deslice hacia abajo.

Cama triangular

La cama triangular es una manera de suspender una cama del suelo sin hacer armazones en A.

Encuentra tres árboles en un triángulo. Al menos dos de ellos deben tener aproximadamente la misma altura que tu cuerpo. Ata un marco triangular entre los árboles al menos a 1 m (3 pies) del suelo (o agua si estás en un pantano). Crea tu plataforma con material o follaje.

Hamacas

Construir una hamaca común es fácil si tienes una pieza grande de material y cuerda.

Encuentra dos árboles lo suficientemente separados como para adaptarse a la altura de tu cuerpo. Coloca dos piedras pequeñas en las esquinas opuestas de tu material. Dobla las esquinas sobre las piedras y ata la cuerda alrededor del material. Las piedras actúan como un tope para evitar que la cuerda se resbale.

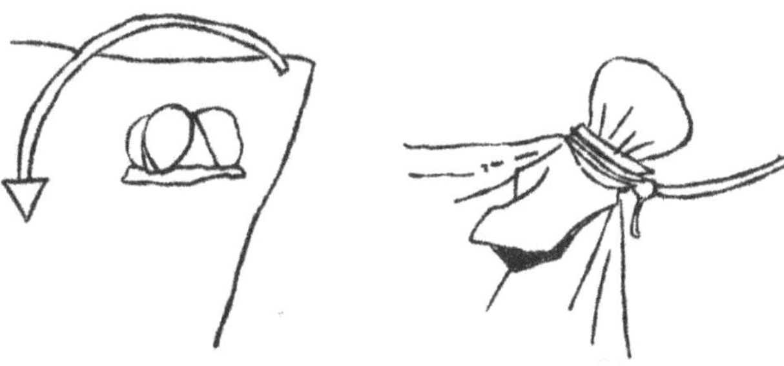

Ata el otro extremo de la cuerda alrededor de los árboles.

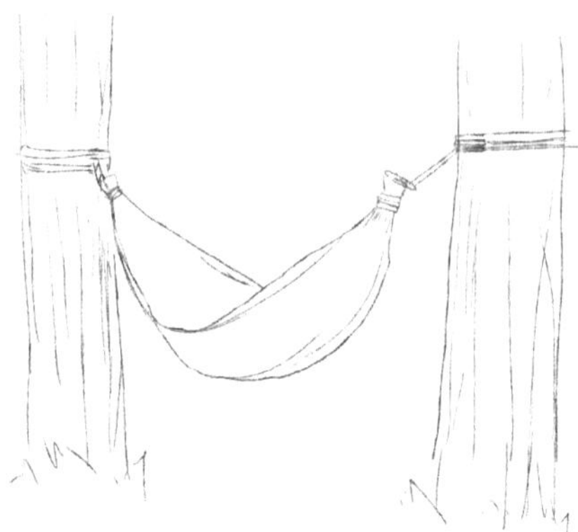

Aquí hay una variación para cuando tienes tres árboles. Es básicamente una cama triangular hecha de material.

Hamaca de bambú

Cuando no tengas ningún otro material, puedes hacer una hamaca de bambú.

Corta un trozo grueso de bambú verde vivo de aproximadamente 1 metro (3 pies) más largo que tu altura. Talla una sección, dejando 50 cm (20 pulgadas) en cada extremo intactos.

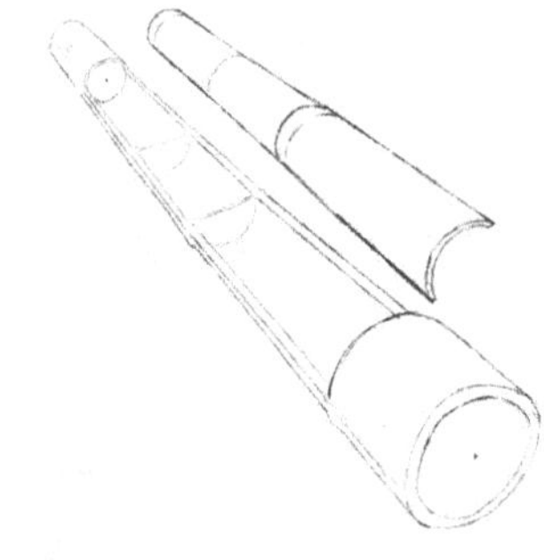

Ata la cuerda alrededor de los extremos para colgar la hamaca. Esto también refuerza el bambú cuando lo cortas. Haz cortes a lo largo del bambú, separados unos 4 cm (1,5 pulgadas).

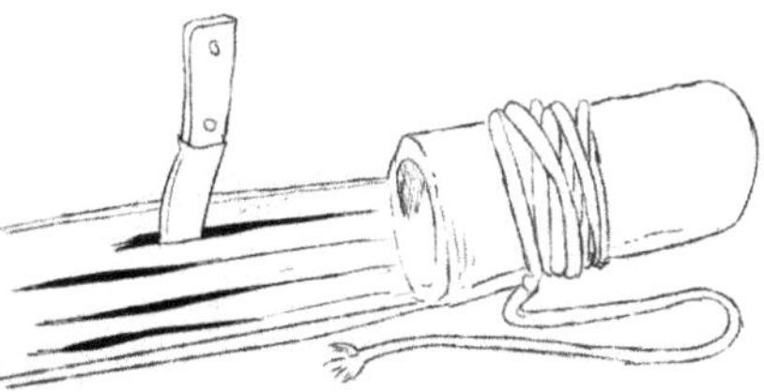

Cuelga la hamaca, luego ábrela y teje trozos más cortos de bambú entre las ranuras.

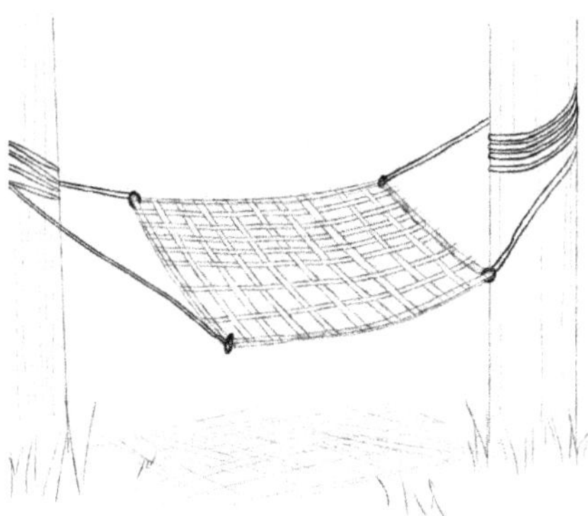

Agrega vegetación para mayor comodidad y aislamiento.

Cama de fuego

Una cama de fuego te mantendrá caliente cuando duermas en el suelo, pero no es aconsejable hacer una cuando intentas esconderte de tu enemigo.

Cava una zanja de 25 cm (10 pulgadas) de profundidad del largo y ancho de tu torso.

Coloca una capa de piedras secas del tamaño de un puño en la parte inferior, luego haz un fuego encima de las rocas. No calientes rocas húmedas, porosas, de pizarra o más blandas, ya que pueden explotar. Si no te preocupa que el enemigo te escuche, golpéalas unas contra otras antes de usarlas para probar si están huecas o si se agrietan.

Cuando el fuego se haya apagado, extiende las brasas sobre las rocas. Llena la zanja con tierra y pisa fuerte. Si sobresalen pedazos de carbón o si está demasiado caliente, agrega más tierra. ¡No querrás incendiarte mientras duermes!

Duerme con el torso sobre el suelo ya calentado.

AGUA

El agua es esencial para la vida y no durarás mucho sin ella, especialmente mientras huyes de tu enemigo.

Aunque no siempre es fácil, existen formas de adquirir agua en cualquier clima. Desafortunadamente, muchas fuentes de agua no son aptas para beber y su uso puede enfermarte. Por lo tanto, debes aprender a buscar agua y a tratarla.

Hay dos formas básicas de tratar el agua: filtración y purificación. Un buen filtro de agua puede eliminar muchos tipos de bacterias dañinas, pero no eliminará los virus. La purificación matará los virus.

Idealmente (además de tener agua potable fresca), primero filtrarás el agua y luego la purificarás. Cuando no es posible hacer ambas cosas, es mejor una u otra que nada. Trata siempre el agua más clara que tengas disponible.

CONSERVAR AGUA

Cuando el agua sea abundante, bebe un mínimo de un litro al día. Cuando estés activo, necesitarás más. Esto es cierto sin importar el clima. Tu cuerpo aún pierde líquido cuando hace frío y la deshidratación puede causar la muerte.

En todos los demás casos, raciona el agua hasta que encuentres una fuente de reabastecimiento.

Cuando el agua escasea (en el desierto o en el mar, por ejemplo) haz lo siguiente para conservar la que contiene tu cuerpo:

- Refresca tu cuerpo con la brisa y agua no potable.
- No comas cuando sientas náuseas. Si vomitas, perderás agua y cualquier alimento.
- No fumes ni bebas diuréticos como alcohol o café.
- Come menos. Los alimentos requieren agua para la digestión.
- Mantén tu cuerpo bien bajo la sombra de arriba a abajo, si corresponde. Evita exponerte a reflejos del agua, por ejemplo. Cubre lo más que puedas de tu cuerpo.
- Mantén la boca cerrada. No hables y respira por la nariz.
- Descansa a la sombra durante el día y muévete por la noche.
- Sepárate del suelo caliente sentándote a 30 cm (10 pulgadas) por encima de él, sobre una rama, por ejemplo.
- Bebe el agua que tengas lenta y frecuentemente. Humedece tus labios, lengua y garganta antes de tragar.

Cuando estés en el mar, remoja tu ropa en el agua, luego escúrrela y póntela de nuevo. Haz esto solo ocasionalmente; de lo contrario, te podrían salir llagas por el agua salada. Ten cuidado de no mojar el fondo de tu balsa.

ENCONTRAR AGUA

Cuando estás huyendo, encontrar agua potable fresca es ideal, ya que purificarla lleva tiempo. Pero si tienes los recursos, debes tratarla de todos modos. No bebas: alcohol, sangre, orina, agua de mar o cualquier agua con señales de muerte como un animal muerto o falta de vegetación, cerca de ella.

Agua de lluvia

Beber agua de lluvia es seguro excepto en circunstancias especiales, como una situación nuclear o de biocontaminación. Recógela en el recipiente que tengas o improvisa recipientes. Puedes usar:

- Secciones de bambú.
- Corteza.
- Plantas con hojas grandes.

Para recolectar agua de lluvia que ya ha caído, usa el método de remojar y exprimir. Usa cualquier material no tóxico que tengas (tela, pasto seco, etc.) para absorber el agua de lluvia y exprímelo en tu recipiente. Esto también es bueno para recolectar agua de pequeñas grietas, como agujeros en las rocas. De manera similar, puedes usar una cuerda para absorber y dirigir el agua corriente (en la base de un acantilado, por ejemplo) a tu recipiente.

Cuando estés en el mar, lava el material de recolección con agua de mar antes de usarlo para recolectar agua de lluvia, a menos que esté limpio desde un principio. Una pequeña cantidad de sal es insignificante, pero si el material tiene incrustaciones de sal seca, esto será un problema.

Rocío de la mañana

Es seguro beber el rocío de la mañana. Usa el método de remojar y exprimir para recolectarla. Ata el material alrededor de tus tobillos y camina por la hierba para absorberlo.

Cuando estés en el mar, crea una especie de sombrilla por la noche y gira los bordes para recoger el rocío. También se formará rocío en los lados de la balsa. Límpialo con el material para obtenerlo.

Plantas

Dependiendo del lugar del mundo en el que te encuentres, ciertas plantas no tóxicas pueden proporcionarte agua potable. El mejor momento para recolectarla es durante el alba.

No bebas ninguna savia lechosa a menos que puedas confirmar que proviene de una fuente, como un cactus de barril, de la que sea seguro beber. A continuación, se muestran algunos ejemplos de métodos de recolección generales y específicos de plantas. Para obtener más ideas, investiga el área en la que estarás para ver qué plantas portadoras de agua crecen allí.

Condensación

Este método tarda de 12 a 24 horas en producir resultados.

Envuelve y ata plástico transparente sobre las hojas verdes de la vegetación no tóxica. La condensación que se forma tendrá sabor a planta, pero puedes beberla.

Destilador solar sobre el suelo

Este método también usa condensación.

Llena la mitad de una bolsa de plástico transparente con vegetación verde, frondosa y no tóxica. Asegúrate de que no haya palos ni espinas afiladas. También coloca una piedra pequeña y limpia dentro de ella.

«Recoge» aire hacia la bolsa (o colócalo hacia la brisa) y asegúralo, con la intención de mantener la máxima cantidad de aire en su interior.

Coloca la bolsa a la luz del sol en una pendiente, con la roca en la esquina inferior y la abertura de la bolsa en la esquina sobre la roca. El agua se acumulará alrededor de la roca.

Destilador solar de botella de plástico

Este es un método de condensación que puedes utilizar si encuentras una botella de plástico con tapa.

Corta la parte inferior de una botella de plástico limpia, como una botella de refresco de 2 litros, y dobla el borde inferior hacia adentro de la botella. Asegúrate de que la tapa esté bien sellada.

Coloca la botella al sol sobre cualquier superficie húmeda, como el césped. El agua se acumulará en el labio. Bébela directamente de la botella, con cuidado de no derramarla.

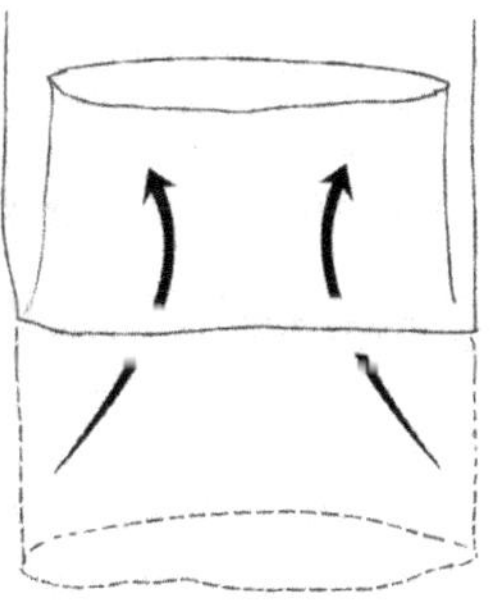

Tomar de los árboles

Muchos árboles tienen savia, que se compone de agua, minerales y azúcares. En la mayoría de los casos, es seguro beberla. Evita los árboles de hojas perennes (árboles que tienen hojas durante todo el año) y cualquier árbol que produzca un líquido lechoso u oscuro.

Para tomar la savia, clava un cuchillo en un árbol grande (preferiblemente encima de una raíz grande). Entra la hoja a unos 5 cm (2 pulgadas) de profundidad, en un ángulo hacia arriba. Saca el cuchillo y la savia goteará del corte.

Dirige la savia a tu recipiente colocando algo en la parte inferior del corte, como palos o hierba.

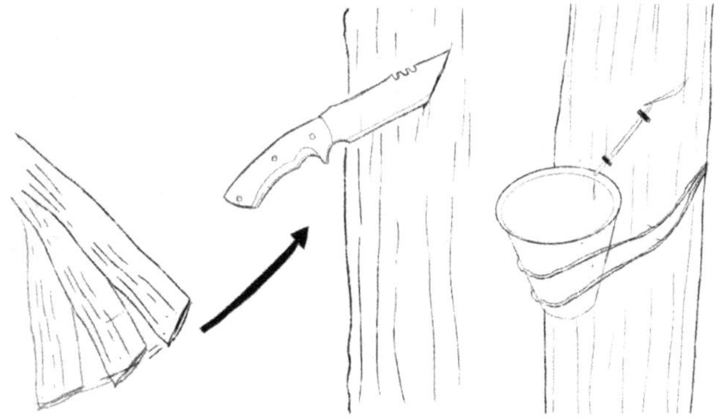

Bebe la savia dentro de las 24 horas, antes de que comience a fermentar.

Plantas pulposas

Muchas plantas con centros húmedos y pulposos pueden proporcionar agua. Corta una sección de la planta y exprime o aplasta la pulpa para que se agote la humedad.

Bambú

El bambú maduro puede contener agua en sus secciones huecas. Agítalo y escucha.

Cuando encuentres una sección que tenga agua, corta un agujero en la base y recoge el agua que fluye. De otro modo, córtalo en la parte superior de una sección y usa un trozo más pequeño de bambú como pajita para beberlo.

Puedes cortar secciones enteras y llevarlas para más tarde.

Los matorrales de bambú verde son buenos para recolectar agua si tienes el tiempo. Dobla un tallo de bambú verde y átalo. Corta la parte superior y deja que el agua gotee en un recipiente.

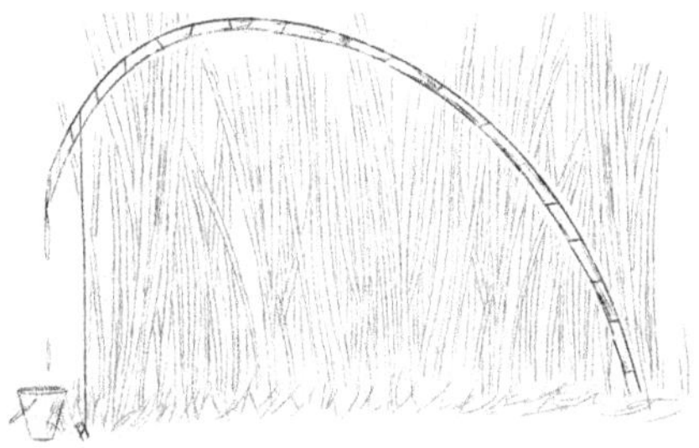

Palmas de Nipa

Las palmas de Nipa tienen un líquido azucarado que puedes beber. Puedes recolectar hasta un litro al día.

Dobla un tallo floreado hacia abajo y córtale la punta. Corta una rodaja fina del tallo cada 12 horas para que siga fluyendo.

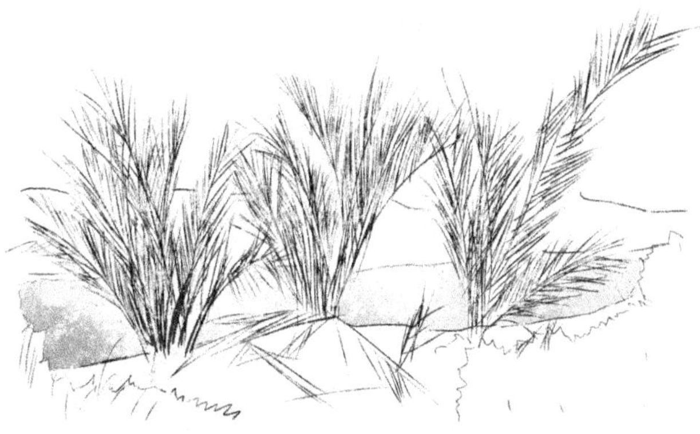

También puedes comer las frutas todavía no maduras, gelatinosas, hacer tés con pétalos de flores y cocinar las semillas de las frutas maduras.

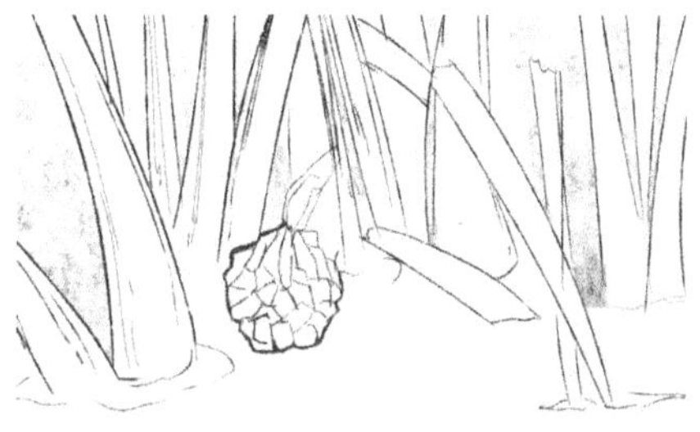

Otras palmas

Otras palmas (buri, azúcar, etc.) también contienen un líquido azucarado.

Presiona una fronda hasta el suelo con un objeto contundente. Dobla la fronda hacia abajo y el líquido se escapará por donde la golpees.

Cocos

El líquido de los cocos verdes (sin madurar) es potable, pero el líquido de los cocos maduros puede causar diarrea.

Enredaderas

Es probable que las enredaderas con corteza rugosa y brotes de unos 5 cm (2 pulgadas) de espesor retengan líquido.

Corta la corteza de la vid para asegurarte de que el líquido sea transparente y parecido al agua. Si lo es, haz una muesca en la vid lo más alto que puedas alcanzar. Luego, corta la vid cerca del suelo y recoge el agua.

No:

- Bebas el líquido si es pegajoso, lechoso o amargo.
- Toques la vid con tus labios.

Árboles de bananas / plátano

Los árboles de bananas y plátano pueden proporcionar agua durante varios días.

Corta el árbol, dejando un tocón de 30 cm (1 pie). Saca el centro del muñón para que el hueco tenga forma de cuenco. Se llenará de agua.

Al principio, el agua estará amarga. Deséchala hasta que se vuelva apetecible.

Si planeas volver a usarlo más tarde, cubre el muñón para evitar la evaporación y la contaminación.

Raíces de plantas

La mayoría de las raíces de las plantas contienen agua, pero no siempre es potable sin tratamiento.

Desentierra las raíces y córtalas en trozos pequeños. Golpea la pulpa y recoge el líquido.

Masas de agua

Ve a un terreno elevado para explorar el área en busca de masas de agua como lagos, ríos, arroyos y pantanos. Ve con cuidado cuando estés cerca de ellos, ya que tu enemigo también puede estar vigilándolos. Los depredadores de animales también hacen lo mismo.

El agua clara, fría y que corre rápido de arroyos o cascadas es la más limpia. Sostén tu contenedor justo debajo de la superficie, con la abertura hacia abajo. Debes tratar el agua estancada o de movimiento lento.

Excavación

Durante la estación seca, intenta cavar donde habría agua, como en los lechos secos de los ríos.

Busca y excava en arena húmeda. Cuando no puedas encontrar arena húmeda, prueba los bordes exteriores de una curva pronunciada en una cama. Excava al menos 1,5 m (5 pies) para encontrar agua que se filtre.

Otros lugares para excavar son:

- Terreno bajo, como un valle.
- En la playa. Cuando tu pozo en la playa (o cualquier otro pozo) se seque, excava más profundo.
- Donde haya vegetación verde.

Animales

El comportamiento de los animales puede darte una buena indicación de dónde encontrar agua. Aquí hay algunas señales que debes buscar:

- Una columna de hormigas puede dirigirse hacia una pequeña fuente de agua.
- Las aves que vuelan en línea recta y baja generalmente se dirigen hacia el agua, especialmente temprano en la mañana o al final de la tarde. Si descansan con frecuencia de un árbol a otro, generalmente se alejan del agua.
- Las bandadas de pájaros rodean el agua.
- Los senderos de animales de caza que se dirigen cuesta abajo pueden conducir al agua. Sigue los lugares donde convergen dos senderos de caza desde el punto donde se unen.
- Los animales que pastan (vacas, ciervos, etc.) suelen estar cerca del agua, a menos que estén migrando.
- Las huellas humanas pueden conducir a un pozo, una perforación o un baño. Reemplaza las cubiertas después de su uso para evitar la evaporación y la contaminación.
- Los enjambres de insectos indican que hay agua cerca.

Los peces grandes tienen agua a lo largo de la columna vertebral y en los ojos. Para obtenerla, corta con cuidado un pescado por la mitad para que el líquido recorra la columna vertebral. Chupa el ojo también. El resto de los líquidos del pescado son ricos en proteínas y grasas. Son buenos para consumir si tienes exceso de agua para digerirlos.

Nieve y hielo

La mayor parte del hielo es seguro para beber. Derrítelo primero para evitar la hipotermia y la necesidad de utilizar cualquier exceso de energía.

La nieve fresca es bastante segura, pero purifica la nieve que tenga más de unas pocas horas.

Es mejor derretir hielo que nieve. Utiliza menos energía y tiene una mayor proporción de agua por volumen.

En las aguas árticas, el hielo marino viejo tiene menos sal que el hielo nuevo. El hielo marino viejo es azulado, tiene esquinas redondeadas y se astilla fácilmente. El hielo marino nuevo es gris, lechoso, duro y salado. El agua de los icebergs es fresca, pero peligrosa de recolectar.

Puedes derretir hielo (o nieve) utilizando el calor de tu cuerpo mientras viajas. Coloca el hielo en un recipiente y coloca el recipiente entre dos capas de tu ropa. Nunca lo apliques directamente sobre tu piel y mantenlo alejado de las arterias principales.

Otra forma de derretir hielo es con fuego. Coloca un recipiente con un poco de hielo cerca (no dentro) del fuego. Revuelve con frecuencia y agrega más hielo a medida que se derrita. Acelera el proceso colocando piedras limpias y calientes o agua en el recipiente.

Una vez que se derrita, mantén el agua cerca de ti para que no se vuelva a congelar. Deja un poco de espacio para que se mueva en su recipiente y agítalo de vez en cuando para ralentizar el proceso de congelación.

Situaciones nucleares

En una situación nuclear, obtén agua de las siguientes fuentes, en orden de preferencia:

- Fuentes subterráneas como manantiales y pozos.
- Agua de tuberías o recipientes en edificios abandonados.
- Nieve. Excava seis pulgadas o más por debajo de donde estaba la superficie durante la lluvia radiactiva.
- Arroyos y ríos.
- Otras fuentes de agua abierta como lagos, estanques y piscinas.

No importa de dónde la obtengas, purifícala.

FILTRACIÓN DE AGUA

Aunque no es tan eficaz como los filtros de agua comerciales, un filtro improvisado puede limpiar el agua lo suficiente como para beberla, siempre que no esté demasiado contaminada. Cuando tengas los recursos, purifica el agua también.

Aquí hay algunas maneras de filtrar el agua:

Filtro de capas

En un filtro de capas, el agua pasa a través de capas, de gruesa a fina, para eliminar los contaminantes. Lo que uses para cada capa depende de lo que tengas. Cuantas más capas diferentes tengas, mejor.

Para hacer un filtro de capas con una botella de plástico, corta el fondo y dale la vuelta. Coloca una capa de tela en la parte inferior, en la boquilla. Esto evita que las otras capas se caigan.

Llénalo con materiales de fino a grueso. El carbón vegetal es una excelente capa inferior porque puede absorber sustancias químicas. Incluso el carbón (no las cenizas) de tu fogata funcionará, aunque no tan bien como el carbón activado. El sistema de capas completo puede verse así:

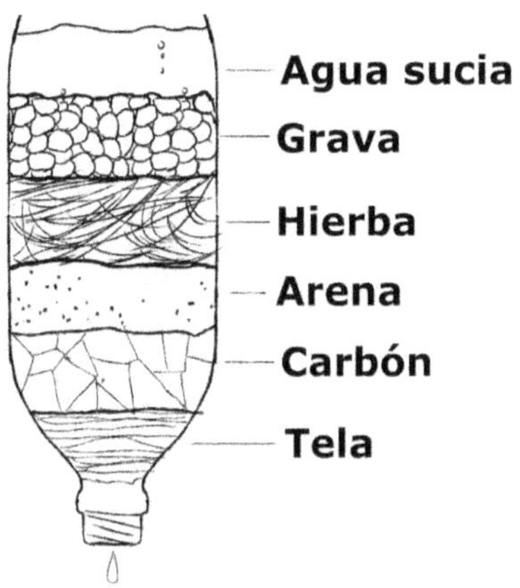

La albura es una buena capa de fondo en lugar de o además de carbón vegetal. Filtra más lentamente, pero elimina más microorganismos. Si «taponas» la boquilla de una botella con él, espera cuatro litros de agua potable al día. La botella debe estar sellada herméticamente.

Si no tienes una botella, puedes construir un trípode y usar varios trozos de tela para sujetar cada capa.

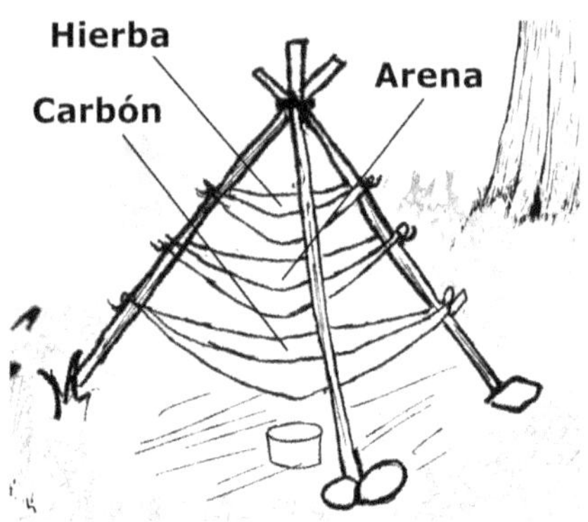

Excavación y sedimentación

Este método no elimina ningún microorganismo, pero es mejor que nada cuando se recolecta agua de una fuente de agua lenta o quieta, como un pantano, lago o estanque.

Cava un hoyo a 3 m (9 pies) tierra adentro desde el borde del pantano. Debe ser más profundo que el nivel freático. La tierra filtrará el agua a medida que va entrando. Cuela el agua a través del material si lo tienes. De lo contrario, déjalo reposar durante al menos media hora.

Dejarlo reposar es el proceso de sedimentación. Puedes hacer esto con cualquier agua para que las partículas más pesadas tengan tiempo de hundirse hasta el fondo. Una vez que se hayan asentado, retira el agua más limpia de la parte superior.

PURIFICACIÓN DEL AGUA

Hay varias maneras de purificar el agua. Algunas son mejores que otras, pero la que uses dependerá de los recursos que tengas.

La mayoría de estos métodos matarán a los patógenos, pero solo la destilación hará potable el agua de mar, la orina o el agua contaminada químicamente.

Hervir agua

Hervir el agua es fácil de hacer y es una de las formas más efectivas de purificación.

Como regla general, hierve rápidamente el agua durante un minuto a nivel del mar y un minuto adicional por cada 300 m adicionales de altura.

Cuando no conozcas tu altura, un hervor rápido de tres minutos es una apuesta segura, a menos que estés en las montañas. Cuanto más tiempo hierva, más seguro será, pero más agua se evaporará.

Si no tienes un recipiente a prueba de fuego, usa sustancias naturales como corteza, bambú o cualquier planta no tóxica. Calienta las rocas secas en el fuego o junto a él y colócalas en el recipiente con agua hasta que hierva. No calientes rocas húmedas, porosas, de pizarra o más blandas, ya que pueden explotar.

También puedes usar el método de rocas calientes con un recipiente de plástico duro, pero es un último recurso, ya que el plástico es tóxico.

Pasteurización

Cuando no puedas hacer que el agua hierva rápidamente, caliéntala tanto como sea posible durante más de 20 minutos. Haz que esté lo suficientemente caliente como para quemarte si la tocas.

SODIS

El método SODIS utiliza rayos ultravioletas para matar los patógenos. Es efectivo y fácil, pero toma un mínimo de seis horas.

Para usarlo, necesitas una botella de plástico transparente (PET), como una botella de refresco, y el sol. La botella debe ser de 2 litros o menos, limpia y con un daño mínimo.

El agua debe ser lo más clara posible antes de verterla en la botella. Si no lo es, fíltrala primero. Para comprobar si el agua es lo suficientemente clara, colócala en la botella. Si puedes contar tus dedos del otro lado mientras miras a través de la botella, puedes usarla.

Llena la botella hasta 3/4 de su capacidad de agua y ciérrala. Agítala vigorosamente durante 20 segundos y luego llénala hasta arriba. Déjala a la luz solar directa. El tiempo que debe permanecer bajo el sol depende de la cantidad de sol que haya:

- Soleado = Seis horas.
- Parcialmente nublado = Un día completo.
- Muy nublado = dos días.
- Lloviendo = No funcionará, pero puedes beber el agua de lluvia en su lugar.

Para obtener los mejores resultados, coloca la botella sobre una superficie reflectante, como papel de aluminio o una hoja de metal, e inclínala hacia el sol.

Si no tienes una botella adecuada, cualquier recipiente funcionará, pero solo con una fina capa de agua, es decir, una de un máximo de 15 cm (5 pulgadas) de profundidad.

Purificación química

Existen algunas opciones para purificar el agua con productos químicos.

Las tabletas de purificación están hechas específicamente para purificar el agua. Úsalas según las instrucciones del fabricante. Si no tienes instrucciones, sigue estas pautas:

- Usa una tableta por litro de agua limpia.
- Utiliza dos comprimidos por litro de agua turbia o muy fría.
- Agita o revuelve bien y espera al menos 30 minutos.

Una tintura de yodo al 2% es una sustancia química común en los botiquines de primeros auxilios. Las pautas para la purificación del agua son las siguientes:

- Utiliza 5 gotas por litro de agua limpia.
- Utiliza 10 gotas por litro de agua turbia o muy fría.
- Agita o revuelve bien y espera al menos 30 minutos.

El cloro es un químico doméstico común que puedes usar para purificar el agua. Asegúrate de que no tenga aditivos, como aromas. Una solución con hipoclorito de calcio al 5,25% es buena.

- Utiliza dos gotas por litro de agua.
- Agita o revuelve bien.
- Espera por lo menos 30 minutos para obtener agua limpia.
- Espera al menos 60 minutos si el agua está turbia o muy fría.

El permanganato de potasio es otro químico que puedes encontrar en un kit de primeros auxilios o botiquín de medicinas. Se usa comúnmente para ayudar con las afecciones de la piel. Para usarlo para purificar agua, agrega 0.1 g de cristales de permanganato de potasio (aproximadamente tres cristales) por cada litro de agua, y revuelve. El agua debe volverse rosa claro. Si está más oscura, no la bebas.

Nota: El uso de productos químicos para purificar el agua es una solución temporal. El uso prolongado puede dañar tu salud.

DESTILACIÓN DEL AGUA

La destilación puede purificar casi cualquier cosa que contenga agua, incluidos el barro, el agua salada y la orina. No se necesita ninguna otra filtración o purificación.

El proceso básico es hervir el agua contaminada y recolectar el vapor. Cuando el vapor se enfría, se convierte en agua potable. Hay muchas maneras de hacer esto. Aquí hay algunas ideas:

Destilador de tela

Esto combina el método de recolección de agua de remojar y exprimir con agua hirviendo.

Hierve el agua y suspende cualquier material absorbente sobre ella para recoger el vapor. Exprímelo para obtener agua fresca.

Adapta esto para los métodos de filtración de agua de excavación y sedimentación, colocando rocas calientes en el agujero para hervir el agua.

Olla, tapa y taza

Ata una taza al asa de la tapa de una olla para que cuelgue hacia arriba cuando la tapa se coloca en la olla al revés.

Llena la mitad de la olla con agua y pon la tapa al revés. La taza no debe colgar dentro el agua. Hierve el agua. El agua destilada goteará en la taza.

Olla y tapa

Cuando no tienes una taza o una cuerda, coloca la tapa con el asa hacia arriba. Inclínala para que el vapor condensado fluya hacia su recipiente.

Recipiente abierto

Usa este método cuando tengas un recipiente, pero sin tapa.

Haz una pequeña «carpa» de plástico en la parte superior de su recipiente. Hierve el agua y recoge lo que corra por el plástico.

Destilador de tubo

Este método minimiza el desperdicio, pero es más complicado de usar.

Pon agua en un recipiente y ciérralo con plástico. Pega un trozo de tubo que conduce a un recipiente de recolección en la parte superior del primer recipiente. Cuando hiervas el agua, el vapor subirá por el tubo y goteará en el recipiente de recolección.

Destilador solar

Un destilador solar combina la recolección de agua de condensación con la destilación solar. Es una forma viable de producir agua en el desierto si tienes los materiales. Para producir lo suficiente, necesitarás al menos tres por persona.

Primero, debes elegir un buen sitio. Busca uno con las siguientes características:

- Una buena posibilidad de que el suelo contenga humedad (un lecho de un arroyo seco o un punto bajo, por ejemplo).
- Mucha luz solar.
- Terreno en el que es fácil excavar.

Cava un agujero con los lados inclinados y coloca un recipiente en el medio. Si tienes agua contaminada que deseas destilar, coloca tu recipiente de recolección dentro del recipiente con el agua contaminada.

Coloca plantas en el agujero como fuente de humedad adicional (si están disponibles). Colócalas en los lados inclinados del agujero.

Si tienes un tubo para usar, como una pajita para beber, colócala desde tu recipiente de recolección hacia el exterior del agujero. Cubre el agujero con una lámina de plástico (preferiblemente transparente) y asegúralo con piedras o tierra.

Coloca una piedra en el medio de la lámina para que la condensación gotee en tu recipiente.

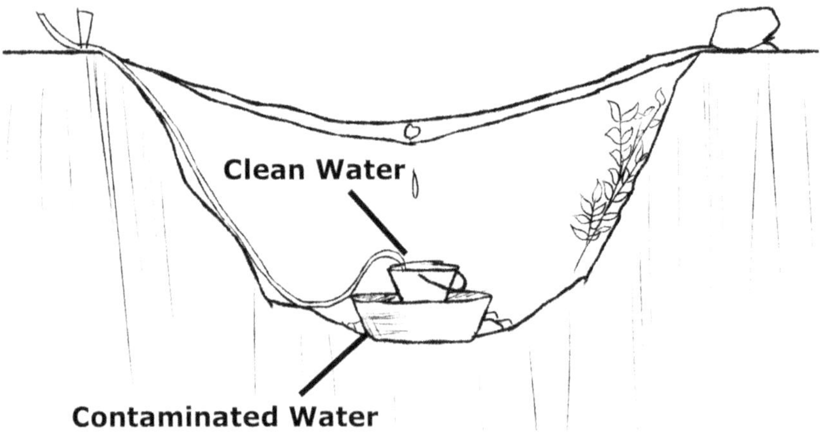

Si solo tienes un recipiente, pero deseas destilar agua contaminada, excava un agujero a 25 cm (10 pulgadas) del borde del destilador. Hazlo de 25 cm (10 pulgadas) de profundidad y 10 cm (4 pulgadas) de ancho. Vierte el agua contaminada en el agujero. No derrames nada cerca del plástico. La tierra filtrará el agua hacia el destilador solar, y luego el destilador solar la destilará.

Mini destilador

Haz un mini destilador solar con una botella de plástico (con tapa) y una lata de refresco (o artículos similares).

Corta la parte inferior de la botella de plástico y la parte superior de la lata. Crea un borde de recolección de agua a partir de la botella doblando la parte inferior sobre sí misma.

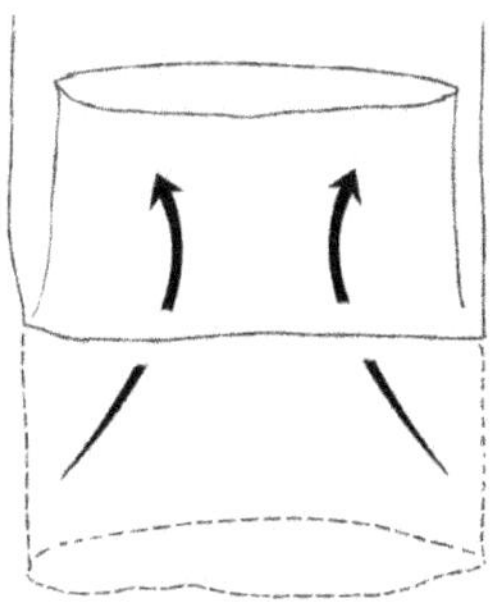

Llena la lata con agua contaminada y déjala al sol. Pon la botella de plástico encima. Asegúrate de que la tapa esté bien sellada.

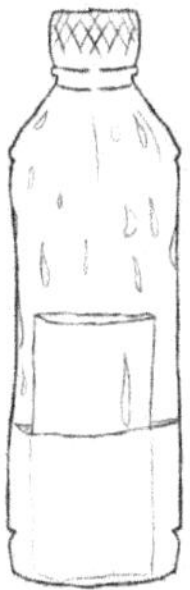

Bebe el agua directamente de la botella. Ten cuidado de no derramarla.

ALIMENTOS

Mientras huyes, necesitarás mantener tu energía, pero no querrás perder demasiado tiempo adquiriendo alimentos, al menos no hasta que hayas creado suficiente distancia entre tú y tu enemigo.

Almacena alimentos mientras estés en cautiverio, pero come de la tierra siempre que sea posible. Busca alimentos que puedas comer crudos (plantas comestibles e insectos) y conserva tus raciones para cuando sean necesarias, como cuando no haya otros alimentos disponibles o cuando tu enemigo esté demasiado cerca y no puedas detenerte.

Cuando hayas creado suficiente distancia, podrás capturar peces o animales pequeños, como pájaros o reptiles. Usa las lecciones de los capítulos de movimiento sigiloso para acercarte a tu presa.

Cazar o atrapar una presa más grande lleva demasiado tiempo y la preparación de la presa deja señales importantes de tu presencia.

COCINAR

Cocinar los alimentos es importante para matar bacterias y parásitos, pero el fuego es una gran señal de presencia. La sección *Fuego* te enseñará cómo minimizar esto.

La mejor forma de cocinar es hervir. Es la forma más probable de matar organismos nocivos y retiene la mayor cantidad de nutrientes. También es la forma más sabrosa de comer alimentos «extraños» como los insectos, lo que te permite pulverizarlos y cocinarlos en una sopa o guiso.

Para obtener el mayor beneficio nutricional, bebe el agua en la que hierves los alimentos. La excepción a esto es si estás hirviendo toxinas de plantas u otros materiales.

La desventaja de hervir es que necesitas agua. Algunas maneras alternativas de cocinar son:

- Asar en una brocheta.
- Freír sobre una roca plana fina, chapa de metal, etc.
- Utilizando un horno solar. Esto lleva mucho tiempo, pero anula la necesidad de encender un fuego. Improvisa uno con papel de aluminio o una manta de supervivencia.

Una vez que tengas brasas, úsalas como estufa. Aplana el fuego, apila las brasas y luego compáctalas. Coloca tu olla directamente sobre las brasas. Cuando el tiempo sea limitado, cocina sobre las llamas. Puedes hacer una simple agarradera con palos.

Secar o ahumar la comida es una buena forma de guardarla para más tarde. Los alimentos adecuados para esto incluyen frutas, nueces y tiras finas de carne y pescado.

Limpia y corta lo que quieras secar. Mientras más delgada cortes la comida, más rápido se secará. Retira toda la grasa de la carne.

Secar al sol lleva demasiado tiempo para el superviviente evasivo. En su lugar, coloca las tiras cerca del fuego, ya sea sobre rocas calientes o colgándolas. Asegúrate de que no tenga pliegues; de lo contrario, habrá puntos húmedos y crecerán bacterias.

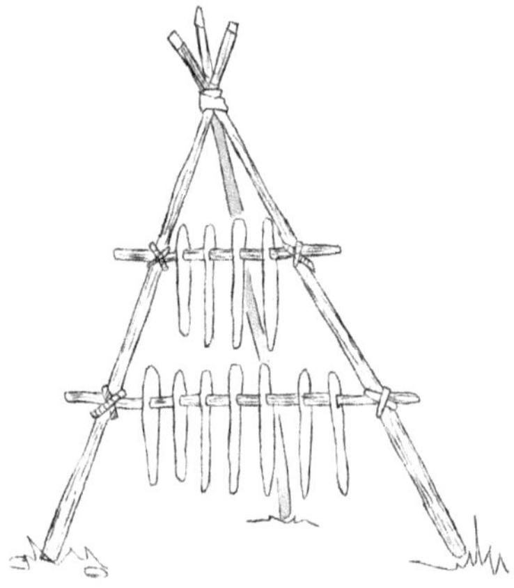

Para probar si está lo suficientemente seca, dóblala. Si se agrieta, estará lista.

Por la noche, envuelve la comida para evitar que insectos y la humedad del rocío de la mañana la echen a perder.

PLANTAS COMESTIBLES

Las plantas crudas son a veces fuentes ideales de alimento para el sobreviviente evasivo, pero muchas no son seguras para comer.

Para garantizar tu salud, obtén una guía de plantas comestibles para el área en la que planeas estar y aprende a identificar aquellas que puedes comer crudas. Practica identificar y preparar los que necesitas para cocinar. Cuando recolectes plantas para comerlas más tarde, trata de no aplastarlas.

Puedes utilizar la prueba de comestibilidad para plantas desconocidas. Es arriesgado y lleva tiempo, pero es útil cuando estás desesperado.

Señales de plantas comestibles

Cualquier planta con una o más de las siguientes características es buen candidato para más pruebas:

- Los animales se la comen.
- Tiene frutos rojos o negros.
- Hay cinco pétalos al final de una sola fruta (familia de las rosas). Es probable que la fruta y las flores sean comestibles.
- Se parecen a las plantas que cultivan los humanos.
- Tienen frutas y bayas segmentadas, como frambuesas o moras.
- Hay frutos individuales en un tallo.
- Es una semilla de un árbol con cono.
- Es una semilla de un tipo de césped.

Las plantas que crecen en agua o suelo húmedo suelen ser las más apetecibles.

La mayoría de los tipos de algas son comestibles crudas y tienen un alto valor nutricional. Lávalas con agua dulce antes de consumirlas. Comer demasiadas algas puede tener un efecto laxante.

Signos de plantas no comestibles

Las plantas con cualquiera de las siguientes características no son comestibles a menos que estén identificadas positivamente:

- Bulbos.
- Fruta dividida en cinco gajos.
- Cabezas de grano con espolones rosados, violáceos o negros.
- Legumbres, incluidos: frijoles, guisantes y semillas en vaina.
- Helecho maduro.
- Savia lechosa.
- Hongos y setas. Las setas y los hongos deben identificarse positivamente. La prueba de comestibilidad no es confiable.
- Edad o marchitamiento.
- Irritantes de la piel.
- Rojo.
- Hojas brillantes.
- Limo.
- Olor a almendras amargas o melocotones. Tritura una pequeña porción y huele.
- Olores ácidos fuertes.
- Patrones de crecimiento de tres hojas o en espiral.
- Púas diminutas, espinas, zarzas o pelos finos.
- Flores en forma de paraguas. Las excepciones comunes incluyen: zanahorias, apio, eneldo y perejil.
- Señales de estar devorado por gusanos.

Si la planta no tiene ninguno de los anteriores o crees que la has identificado positivamente como segura, pasa a la prueba de comestibilidad.

Prueba de comestibilidad

La prueba de comestibilidad requiere mucho tiempo, así que asegúrate de que haya un buen suministro de la planta que deseas probar.

Lo ideal es probarla hirviéndola primero. Si es comestible después de hervir, pruébala nuevamente cruda. Si es comestible cruda, estará bien cocinarla por cualquier método.

Primero, selecciona una parte de la planta para probar, como las hojas, las flores, los tallos o las raíces. El hecho de que una parte de la planta sea comestible no significa que todo lo sea, así que prueba cada parte por separado. Lávala con agua potable.

Aplasta la parte de la planta con tus dedos y frótala en la parte interna del antebrazo. Espera 15 minutos. Si hay alguna irritación, deséchala.

Si pasa la prueba cutánea, pruébala para tu consumo. Debes ayunar durante al menos ocho horas antes y después. Puedes beber agua siempre que sepas que es segura.

Mantén cerca un poco de carbón mezclado con agua para absorber las toxinas. Si tienes alguna mala reacción (ardor, amargor, sabor nauseabundo, picazón, hinchazón, etc.) en cualquier etapa, desecha la planta inmediatamente.

- Hierve la parte de la planta, luego toca una pequeña porción de ella con la superficie exterior de tu labio. Espera tres minutos.
- Coloca un poco en tu lengua y mantenla así durante 15 minutos.
- Mastícala y mantenla en la boca durante otros 15 minutos. No la tragues.
- Trágala y espera ocho horas.

Si experimentas una mala reacción:

- Bebe mucha agua caliente
- No comas hasta que el dolor desaparezca.
- Si la reacción es severa, induce el vómito y luego consume la mezcla de carbón y agua.

Si no hay mala reacción:

- Come media taza de planta preparada de la misma manera y espera otras ocho horas.

Si todavía no hay una mala reacción, considérala segura para comer cuando esté hervida. Repite la prueba sin hervirla si quieres comerla cruda.

Notas adicionales

Si descubres que una planta es comestible, cómela solo con moderación, incluso después de la prueba.

Si las propiedades de la planta cambian durante el año, o deseas prepararla de otra forma, debes repetir la prueba.

Es mejor cocinar todas las porciones subterráneas (raíces) de las plantas, incluso si pasan la prueba de comestibilidad crudas.

Las plantas que tienen más probabilidades de ser seguras para comer crudas son las plantas de hojas verdes, las frutas maduras, las bayas y las nueces.

La misma parte o planta puede producir reacciones variables en diferentes individuos.

Identificación de plantas

Estas técnicas de identificación de plantas harán que sea más fácil registrar, recordar e identificar diferentes plantas.

Registra descripciones detalladas de todas las plantas que prueben su comestibilidad: cómo se ven, huelen, saben, cómo las preparaste, dónde las encontraste, en qué estación estaban, etc. Haz dibujos.

Hay muchos más identificadores de plantas que los que se enumeran aquí, pero memorizar los conceptos básicos es útil, ya que probablemente no tengas una guía a mano.

Márgenes de hoja básicos

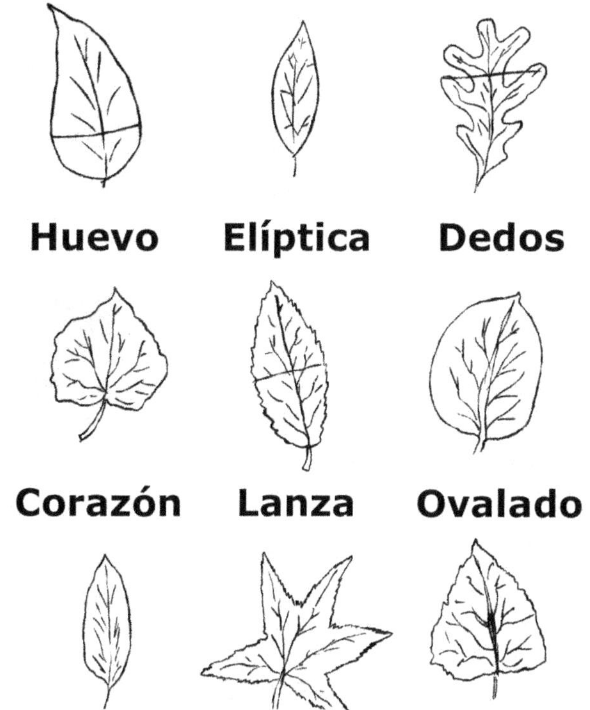

Formas de hojas básicas

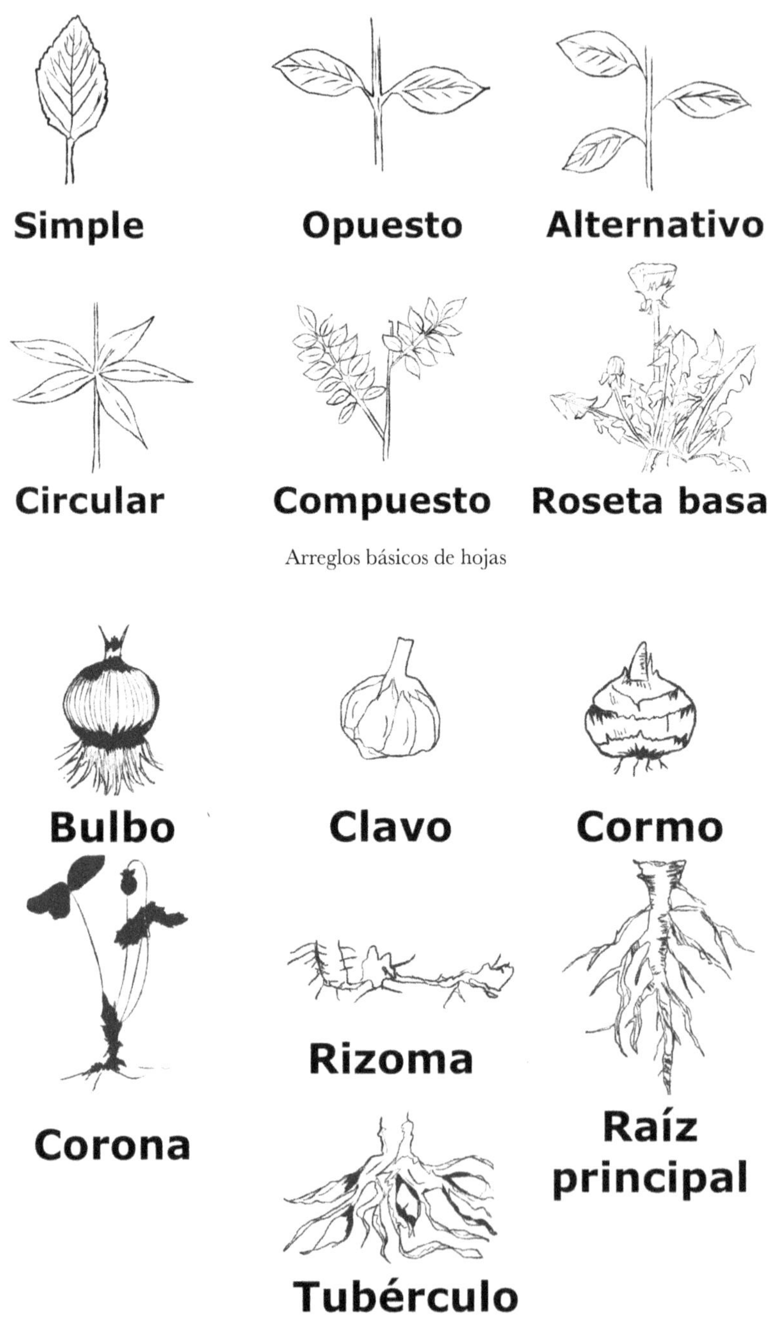

Arreglos básicos de hojas

Estructuras de raíces básicas

- Los bulbos, como las cebollas, muestran aros cuando se cortan por la mitad.
- Los dientes, como el ajo, se separan en gajos más pequeños.
- Los cormos, como el taro, son como bulbos, pero son sólidos cuando se cortan en lugar de tener anillos.
- Las raíces de corona, como los espárragos, lucen como un montón de pelos fibrosos.
- Los rizomas, como el jengibre, son redes de raíces de plantas y generalmente se extienden horizontalmente desde la raíz principal de la planta.
- Las raíces principales, como las zanahorias, generalmente crecen una por raíz.
- Los tubérculos, como las patatas, se encuentran en racimos o en «hilos» debajo de la planta.

Más información

Las plantas tienen muchos otros usos como proporcionar material para medicinas a base de hierbas o para hacer una cuerda.

Busca en Internet el área en la que planeas estar. Usa cadenas de búsqueda como:

«Plantas comestibles de [país]»

O

«Plantas medicinales de (ingresar país)»

Hay varias guías de plantas de lectura gratuita disponibles en línea. Mi favorita es *Edible and Medicinal Plants*:

https://docs.google.com/file/d/0B6GE42-kvADvNmE4MDBmMzAtMDU3NC00NWZiLThhY2QtMmYwNWRmNjZkNWQ0/

Otra buena que no se trata estrictamente de plantas es *A Complete Handbook of Nature Cures*:

https://docs.google.com/file/d/0B6GE42-kvADvYjEyOTQxM2EtZjBkMi00Njg1LWFjYWEtMmU5ODg0MjRhYzEz

También hay algunas aplicaciones útiles que puedes descargar a tu teléfono, algunas de las cuales tienen reconocimiento de fotos.

Disculpa si los enlaces de Google Doc anteriores ya no funcionan. En el momento de escribir este artículo, lo son, pero no tengo control sobre si el usuario que subió el video original decide eliminarlos.

INSECTOS

A muchas personas les parecerá «extraño» comer insectos, pero como alimento de supervivencia, son muy nutritivos y fáciles de encontrar en la mayoría de los lugares. Puedes comer la mayoría de ellos crudos si es necesario, pero es mejor tener una guía.

Busque insectos en lugares húmedos y oscuros, como en la madera, debajo de las rocas o bajo tierra. Ten cuidado con los animales peligrosos a los que les gustan los mismos lugares, como arañas, escorpiones y serpientes.

Los insectos que viven bajo tierra, como las lombrices de tierra, emergerán después de una lluvia intensa o prolongada.

Evita los siguientes insectos:

- Cualquier cosa que pica o muerda.
- Orugas. Aparta las orugas peludas en la dirección en la que viajan.
- Insectos muertos o enfermos. No guardes insectos muertos.
- Portadores de enfermedades como garrapatas, moscas, mosquitos, cucarachas, etc.
- Los que se alimentan de desechos.
- Los que se encuentran en el envés de las hojas.
- Aquellos que son peludos o de colores brillantes, especialmente si son de color naranja y negro.
- Aquellos que tienen un olor fuerte.
- Aquellos que producen sarpullido al tocarlos.
- Los que se mueven lentamente al aire libre.
- Arañas.

Puedes usar insectos que no se comen como cebo para peces.

Aunque la mayoría de los insectos comestibles son seguros para comer crudos, cocinarlos asegurará su seguridad y también mejorará el sabor, especialmente si son más grandes que un saltamontes.

Una forma fácil de hacerlo es triturarlos hasta obtener una pasta (o polvo si están secos) y hervirlos en una sopa. Quita las alas y las patas de los insectos más grandes y quítales la armadura a los escarabajos.

Aquí hay algunos detalles sobre insectos específicos:

Abejas

Considera cuidadosamente antes de atacar una colmena. No valdrá la pena si te escondes de tu enemigo. Evita las avispas y los avispones.

Sigue a las abejas de regreso a su colmena. Regresa por la noche y ahúma la colmena con una antorcha de hierba. Sella el agujero para matar a las abejas.

Come su miel y el panal. Para comerte las abejas, quítales las alas, las patas y los aguijones. Usa la cera para impermeabilizar material o hacer velas.

Grillos, saltamontes y langostas

Estos insectos se encuentran temprano en la mañana cerca de las copas de las plantas altas.

Usa una prenda de vestir o una rama frondosa para matarlos. Trata de no aplastarlos. Quita sus antenas, patas y alas.

Caracoles y babosas

Mantente alejado de los caracoles marinos o de aquellos que tengan conchas de colores brillantes.

Para otros caracoles y babosas, déjalos morir de hambre durante unos días o aliméntalos con verduras seguras. Pueden haber comido plantas que son venenosas para los humanos, por lo que debes esperar a que excreten esas toxinas.

Hiérvelos durante 10 minutos.

Termitas

Rompe trozos de termiteros y sumérgelos en agua. Otra forma (pero mucho más lenta) de conseguir las termitas es insertar una ramita en el montículo y luego retirarla con cuidado. Las termitas se aferrarán a él.

Retira sus alas antes de cocinarlas. También te puedes comer sus huevos.

Un trozo del nido de termitas en el fuego (o en las brasas) es un buen repelente de mosquitos.

Gusanos

Deja que se mueran de hambre durante un día, apriétalos entre los dedos para limpiar la suciedad o ponlos en agua potable durante al menos 30 minutos.

Cómelos crudos o cocínalos.

BÚSQUEDA EN AGUA

Este capítulo cubre los animales acuáticos que puedes encontrar. Como regla, hierve los alimentos con concha durante al menos cinco minutos, y preferiblemente 10.

Mariscos

Muchos mariscos no son seguros para comer. Evita los siguientes:

- Cualquier cosa en áreas contaminadas.
- Aquellos con conchas en forma de cono.
- Mariscos que se encuentran por encima de la marca de la marea alta.

Encuentra moluscos en agua dulce poco profunda con un fondo fangoso o arenoso. Busca:

- Los estrechos senderos que dejan en el barro.
- Su hendidura elíptica oscura.

Cerca del mar, mira los charcos de las mareas y la arena mojada.

Solo come moluscos recolectados vivos. Cocínalos al vapor, hiérvelos u hornéalos en sus cáscaras.

Captura almejas y mariscos durante la marea baja en marismas, charcos de marea, bancos de arena de puertos / bahías, etc. Los mariscos se adhieren a las rocas a lo largo de las playas o se extienden como arrecifes hacia aguas más profundas.

Bivalvos

Los bivalvos son moluscos acuáticos con conchas articuladas, como almejas, ostras, mejillones y vieiras. Los bivalvos comestibles se cierran herméticamente cuando se les da un golpe.

Los mejillones son venenosos en las zonas tropicales durante el verano. Los mejillones negros siempre son venenosos en el Ártico.

Busca colonias de mejillones en charcos de rocas, troncos o en la base de rocas.

Gasterópodos

Los gasterópodos son otro tipo de molusco. La abulón, las conchas y otros caracoles marinos entran en esta categoría. Tienen entradas de trampilla a sus caparazones, que deben cerrarse herméticamente si se sacuden las conchas.

Las lapas y abulones se anclan a las rocas. Sácalos con un cuchillo. Deberían ser difíciles de desalojar. Si no lo son, no los comas.

Pepinos de mar

Encuentra pepinos de mar en el fondo del mar o en la arena. Recógelos vivos y hiérvelos durante al menos cinco minutos.

Erizos de mar

Los erizos de mar se aferran a las rocas justo debajo de la marca de la bajamar. Solo recoge aquellos cuyas espinas se muevan cuando se tocan. Hiérvelos, ábrelos y come sus entrañas. No comas erizos de mar si huelen mal al abrirlos.

Crustáceos

Los cangrejos de río están activos por la noche. Durante el día, mira por debajo y alrededor de las piedras en los arroyos. Coloca una mano enguantada detrás de un cangrejo de río mientras lo asustas hacia atrás con la otra mano.

Alternativamente, ata pedazos de despojos a una cuerda. Cuando el cangrejo de río agarre el cebo, llévalo a la orilla antes de que tenga la oportunidad de soltarlo.

Encuentra langostas, cangrejos y camarones de agua salada en cualquier lugar entre el borde del oleaje y 10 m de profundidad en el agua. Los camarones se acercan a la luz por la noche, lo que te permite recogerlos con una red.

Busca camarones de agua dulce en algas flotantes o en los fondos fangosos de estanques y lagos.

Captura langostas y cangrejos por la noche con una trampa con cebo o un anzuelo con cebo. Los cangrejos se acercarán al cebo colocado en el borde del oleaje. Atrápalos o cázalos con una red.

PESCADO

Cuando estás cerca de un cuerpo de agua, los peces son una buena fuente de alimento. Atraparlos es más rápido y fácil que la caza, y no deja una gran señal de presencia, a menos que seas descuidado. Sin embargo, todavía lleva tiempo y corres el riesgo de que te descubran.

No te comas un pescado que esté o tenga:

- Muerto o flotando, a menos que lo acabes de matar.
- Piel flácida.
- Carne que permanece abollada cuando se presiona.
- En arrecifes o lagunas, especialmente en los trópicos. Mejor pesca desde el arrecife en el lado de la laguna que da al mar.
- Una aleta pélvica pequeña inexistente o única.
- Branquias pálidas y brillantes.
- La boca como un loro.
- Un cuerpo redondo con una piel dura, parecida a una concha cubierta de placas óseas o espinas.
- Pequeñas aberturas branquiales.
- Un cuerpo baboso.
- Espinas.
- Ojos hundidos.
- Un olor desagradable. Los peces del océano tendrán un olor limpio a pescado, lo que es una señal de que están bien para comer.

Las señales anteriores significan que el pescado es venenoso o se ha echado a perder. Cocinarlo no sirve de nada.

Al pescar, ten cuidado con:

- Peces que tienen dientes o espinas.

- Manejo de pescado con aletas y branquias afiladas. Usa un trapo o guantes.
- Peces grandes, especialmente cuando estás en una balsa. Es mejor pescar peces pequeños que arriesgarse a zozobrar o lesionarse.
- Tiburones. No pesques mientras estén cerca y siempre mantente atento a ellos, incluso en aguas poco profundas. Puede haber peces depredadores más grandes en lugares donde saltan muchos peces.
- Serpientes marinas. Son comestibles pero venenosas.
- Grietas submarinas. No metas ahí tus manos.
- Caminar en el agua. Mueve el fondo frente a ti para descubrir criaturas camufladas.

Cómo encontrar peces

Los cardúmenes te brindan las mejores posibilidades de éxito. Busca los que saltan fuera del agua o en las ondas circulares en el agua.

Durante el día, busca en lugares sombreados o protegidos con menos corriente como en: piscinas profundas, debajo de matorrales colgantes, alrededor de elementos sumergidos (bancos, rocas, troncos, follaje, etc.) y debajo de tu balsa.

En la mayoría de las costas, el mejor momento para pescar desde la costa es aproximadamente dos horas después de la llegada de la marea alta.

Cuando se acerca una tormenta, es un buen momento para pescar. Después de una fuerte lluvia, es difícil.

En climas fríos, los peces prefieren las aguas poco profundas al sol. Cuando hay hielo en un lago, estarán más profundos.

Cuando un río está inundado, pesca en aguas tranquilas, por ejemplo, en el exterior de una curva o en un pequeño afluente donde ingresa a la corriente principal.

Cómo atraer peces

Atrae a los peces con los alimentos que están acostumbrados a comer, como las bayas que sobresalen del agua o los insectos que se reproducen en ella. Examina el contenido del estómago de tu primera captura para obtener más pistas.

Esparce el cebo por el agua y usa el mismo cebo en tu anzuelo o en tu trampa. Usa lo siguiente como cebos o señuelos genéricos:

- Cualquier cosa brillante en movimiento en el agua, como monedas o estaño.
- Plumas atadas a un anzuelo con hilo para simular una mosca.
- Partes sobrantes del pescado que comes, como intestinos, ojos o aletas dorsales.
- Cebos vivos como lombrices, insectos, gusanos o peces pequeños.

Una linterna sostenida por encima del agua por la noche atraerá a los peces. Un método similar consiste en colocar un espejo o una pieza plana de metal sobre el agua para reflejar la luz de la luna. Esto también funciona con los pulpos.

Trampa de barrera simple

Cuando un arroyo se ensancha un poco, puedes hacer que se acumulen peces construyendo una barrera. No es realmente una trampa, pero son más fáciles de atrapar cuando están concentrados.

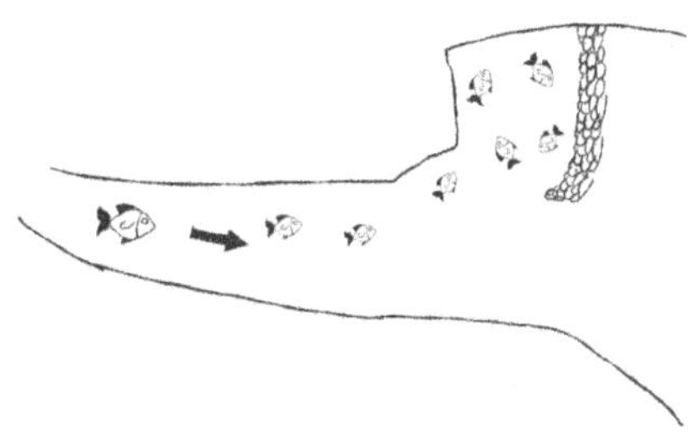

Presa

La trampa de encañizada es fácil de construir con materiales fáciles de encontrar como palos.

Empuja los palos en el barro en forma de media caja, con la abertura hacia arriba. Junta bien los palos.

Crea un embudo en la abertura usando más palos. Colócalo de modo que la parte inferior del embudo entre en el área encajada. Asegúrate de que el fondo del embudo sea lo suficientemente grande para permitir que los peces más grandes naden.

Coloca el cebo en el área de la caja o revuelve el lodo fuera de la abertura del embudo, para que los peces naden hacia el agua más clara dentro de su trampa.

Los peces pueden nadar o ser conducidos, pero tienen dificultades para encontrar la salida. Si quieres mantener vivos a los peces allí, puedes bloquear la entrada una vez que los hayas atrapado.

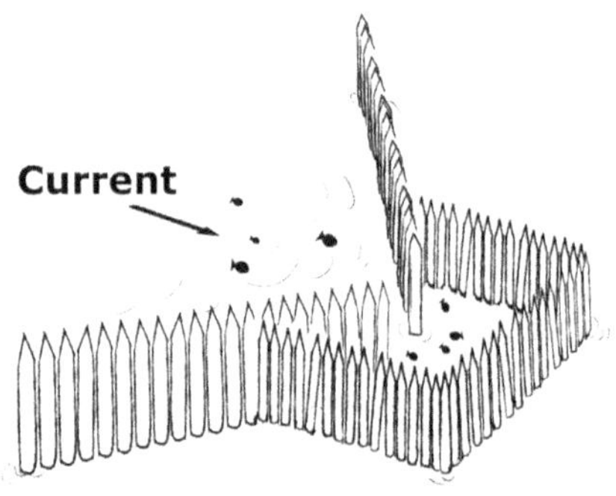

Trampa de botella

Esta trampa funciona con el mismo principio que la trampa de vertedero, pero utiliza una botella de plástico. Solo sirve para pescar peces pequeños.

Corta la parte superior de una botella de plástico, justo debajo del cuello. Coloca un poco de cebo dentro de la parte inferior de la botella, luego inserta la boquilla en esa parte inferior. Si es necesario, coloca un peso dentro para que no flote.

Se pueden hacer trampas similares a partir de troncos huecos o ramitas.

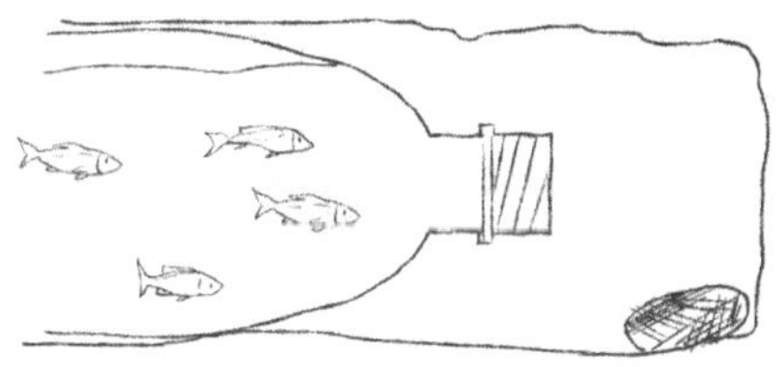

Red de pesca

Es posible construir una red con cuerda, pero no es práctico para el sobreviviente evasivo. Mejor usa cualquier material lo suficientemente grande como para recoger pescado. Puedes sujetarlo a un palo para extender tu alcance.

Pesca con caña

Esta es la pesca que la mayoría de la gente conoce. En una situación de pesca de supervivencia, se trata de improvisar aparejos de pesca.

Cualquier cuerda delgada, como hilo dental o las hebras internas de paracord, puede usarse como hilo de pescar. El hilo de tu ropa es demasiado delgado y una cuerda normal probablemente sea demasiado gruesa, aunque puedes probarlo. Hacer cuerda con plantas es otra opción.

Puedes improvisar: anzuelos con huesos, clavos, alambre, alfileres, espinas, madera, etc. Los anzuelos pequeños son mejores que los grandes porque también pueden atrapar peces grandes, pero debes asegurarte de que no sean demasiado endebles.

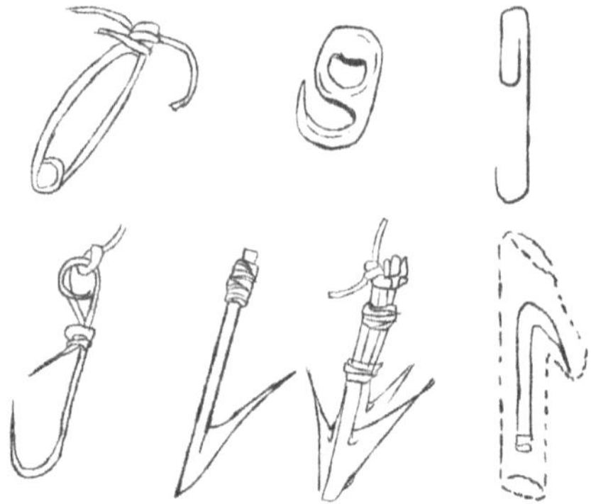

Consejos para la pesca

Una caña de pescar es mejor que una línea de mano. Ata tu anzuelo a un extremo de la línea y el otro a un palo (tu caña de pescar). La longitud del palo depende del lugar desde el que desees pescar. No uses nada quebradizo, o podría romperse cuando un pez tire de este. Asegúrate de que los nudos estén seguros.

Atar un flotador sobre el anzuelo te mostrará cuando este muerda. También te ayudará a controlar la profundidad de la línea.

Un peso improvisado (por ejemplo, una piedra) entre el flotador y el anzuelo evitará que la línea se arrastre por el agua o demasiado cerca de la superficie, mientras deja el anzuelo en movimiento. Para obtener una posición de anzuelo más profunda, coloca el peso al final de la línea y ata el anzuelo en algún lugar por encima de él.

Pon tu línea cebada en donde hay peces. Asegúrate de que tu sombra no se proyecte sobre tu área de pesca.

Cuando un pez muerda, sácalo del agua con una red improvisada en lugar de levantarlo con tu línea. Esto evita que se rompa la línea improvisada. Usar una lanza para recuperarlo es otra opción.

Al pescar en agua salada, ten cuidado de manipular el hilo de pesca con las manos desnudas. La sal le dará un filo de corte.

Si estás en el mar, mata los peces antes de llevarlos a tu balsa, y ten mucho cuidado de no perforar tu balsa con anzuelos u otros instrumentos afilados.

Gorges

Un gorge es un pequeño eje de madera, hueso, metal u otro material. Es afilado en ambos extremos y tiene una muesca en el medio donde lo atas a tu hilo de pescar. Ceba el gorge colocando un trozo de cebo a lo largo.

Cuando el pez se trague el cebo, también se tragará el gorge, que se alojará en la garganta del pez. Una vez que el pez se haya tragado el cebo, y no antes, tira del sedal para atraparlo.

Los gorges funcionan bien en anguilas y bagres, ya que tragan sin morder.

Líneas fijas

Una línea fija es una combinación de una trampa y una pesca con caña. Utiliza una línea y un anzuelo, como la pesca con caña, que puedes dejar desatendida mientras duermes o realizas otras tareas. Revísalos antes del amanecer, para que otros peces no se coman tu captura antes de que llegues a ella.

Para hacer una línea fija, ten una línea principal y coloca líneas cebadas y anzuelos en diferentes intervalos. Asegúrate de que no se deslicen a lo largo de la línea principal ni se enreden entre sí.

Ancla un extremo de la línea principal a algo en la orilla. Coloca un peso en el otro extremo de la línea principal y colócalo en el agua para que quede tenso. Si es necesario, reajusta la línea y los ganchos para que cuelguen libremente en el agua.

Si descubres que capturas muchos peces en un punto determinado de la línea, coloca más anzuelos cerca de ese punto.

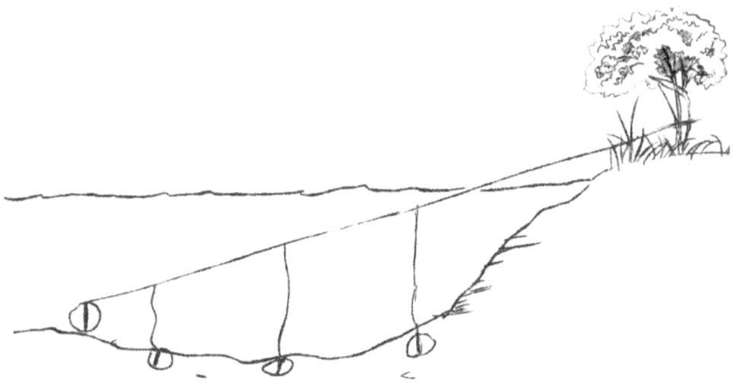

Operación de vigilancia

Una operación de vigilancia es una versión encubierta de líneas fijas. Clava dos árboles jóvenes flexibles en el suelo donde deseas pescar de modo que sus puntas estén debajo de la superficie. Ata tu línea fija entre ellos.

Esclavina

Una esclavina o tippet es una configuración de línea fija para la pesca en hielo. Independientemente de lo que uses como ancla, asegúrate de que sea lo suficiente grande como para no caer por el orificio. Asegúralo en un montículo de nieve.

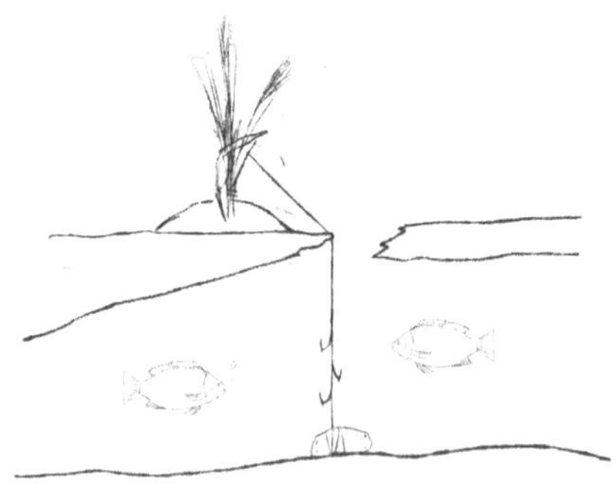

Enganche

Cuando puedas ver peces, pero que no muerden el cebo, intenta engancharlos.

Ata varios anzuelos a un poste y bájalo al agua. Suspende un objeto brillante a 20 cm (8 pulgadas) por encima del poste. Tira hacia arriba bruscamente para atrapar peces cuando vengan a inspeccionar el objeto.

Pesca submarina

La pesca submarina es más eficaz en o cerca de aguas poco profundas (hasta la cintura) donde hay una cantidad decente de peces de tamaño mediano a grande.

También puedes utilizar lanzas para sacar a los peces del agua al pescar con caña o trampa.

Para hacer una lanza básica, consigue un árbol joven largo y recto, y átale un cuchillo. Asegúrate de que el cuchillo esté seguro para que no lo pierdas. Cuando estés en el mar, usa un remo en lugar de un palo.

Alternativamente, puedes afilar la punta y endurecerla al fuego.

Para endurecer la madera con fuego, sostenla sobre un lecho de brasas. Gírala lentamente. Comenzará a silbar o humear. Haz esto hasta que tenga un color marrón claro. No lo carbonices.

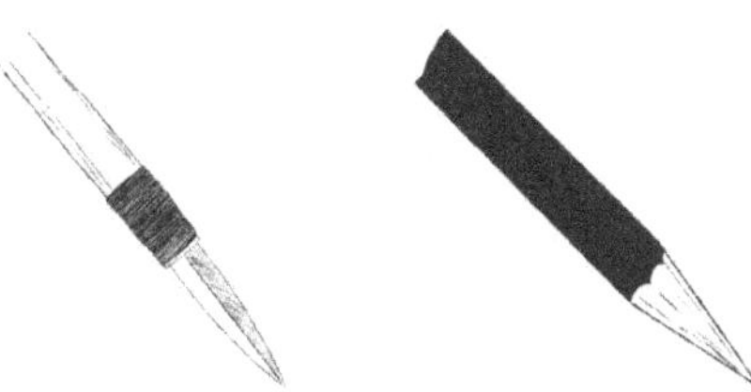

Las lanzas de una sola punta funcionan, pero las mejores lanzas para pescar son de múltiples puntas.

Para hacer una lanza de dos puntas con un palo, divídela por la mitad unos 15 cm (6 pulgadas). Envuelve un poco de cuerda directamente debajo de la división para evitar que se rompa más. Haz esto lo más apretado que puedas. Coloca un pequeño trozo de madera en la división para separar las puntas, luego afila ambos lados en puntas.

Haz una lanza de varias puntas de bambú de la misma manera.

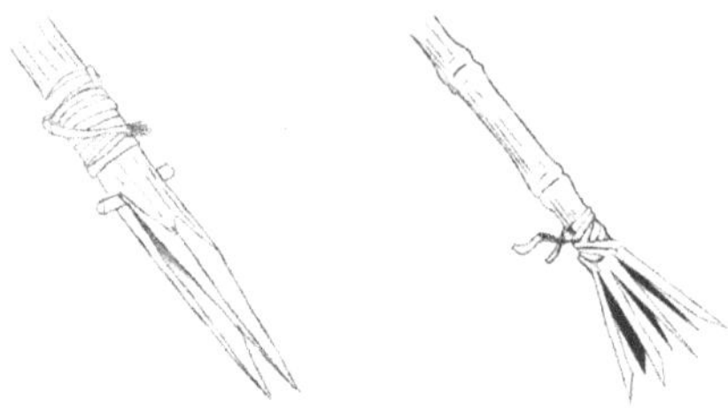

Para usar una lanza, empújala contra el pez en lugar de arrojarla.

Párate de manera que tu sombra esté detrás de ti y espolvorea un poco de cebo frente a ti. Quédate quieto.

Coloca la punta de la lanza en el agua y muévela lentamente hacia el pez. Apunta ligeramente por debajo del pez para permitir la refracción. Practica apuñalar algo en el agua de antemano para acostumbrarte.

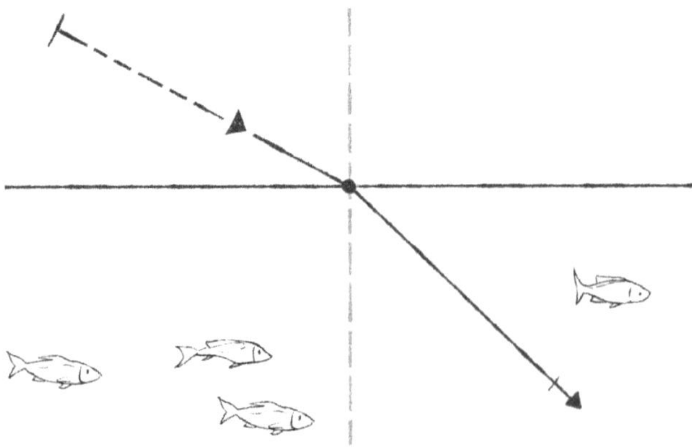

Usa un movimiento rápido para empalar al pez. Si es posible, llévalo hasta el fondo del agua.

Sostén la lanza con una mano y agarra el pez con la otra (o usa una red), en lugar de levantar el pez con la lanza.

Narcóticos para peces

Hay ciertas plantas que puedes usar para aturdir o matar peces. Las partes de plantas que contienen rotenona son ideales. Tritura la parte adecuada y échala al agua. Esto funciona mejor en aguas cálidas y tranquilas. Cuanto más fría esté el agua, más tardará. No funcionará en aguas por debajo de 10 °C (50 °F).

Asegúrate de recolectar todos los peces muertos para que no haya señales de su presencia río abajo.

Lava el pescado antes de consumirlo para eliminar cualquier rastro del veneno. Aunque la rotenona es generalmente segura para los humanos, algunas de estas plantas contienen otros venenos.

A continuación, se muestran algunos ejemplos de narcóticos para peces. Investiga el área a la que planeas ir para obtener información específica.

- Semillas de bayas de la India (*Anamirta Cocculus).* Sudeste de Asia e India.
- Purga de semillas de croton (Croton Tiglium). Asia. Estas semillas también son buenas para combatir el estreñimiento, desintoxicar el cuerpo y otros fines medicinales.
- Semillas y la corteza de los árboles de veneno para peces (Barringtonia Asiatica). Regiones tropicales
- Raíces en polvo de Derris (Derris elliptica). Tritúralos hasta obtener un polvo y mézclalos con agua. Echa mucho al agua. Sudeste de Asia y Sudeste del Pacífico.
- Hojas y tallo de guisantes canosos (Tephrosia). Regiones tropicales y templadas cálidas.

- Rosa del desierto (Adenium Obesum). Desiertos del sur y este de África y Arabia. Ten mucho cuidado con esta planta, ya que las raíces y semillas contienen un veneno mortal. En lugar de aplastar la planta, salpica las ramas en el agua y atrapa al pez mareado.
- Paloma (Croton Setigerus). Oeste de América del Norte y algunas partes de Australia.
- Bulbos de plantas de jabón (Chlorogalum). Oeste de América del Norte.
- Cáscara verde del nogal (Juglans Cinerea o Juglans Nigra). Este de América del Norte.

La cal también es un narcótico para peces. La quema de corales, conchas marinas y conchas de caracoles de la selva tropical desocupadas producirá cal. Échala al agua.

Cómo preparar pescado

Come pescados pequeños enteros. Sangra y destripa cualquier cosa que mida más de 5 cm (2 pulgadas) poco después de atraparla. Córtale la garganta para sangrarlo y quítale las branquias. Corta la parte inferior, comenzando por el ano y avanzando hacia sus branquias. Retira las entrañas, pero conserva las huevas, que corren por el costado del pescado. Límpialo por completo.

No es necesario quitar las escamas, pero si quieres hacerlo, raspa con el cuchillo desde la cola del pez hasta su cabeza. Incluso si quitas las escamas de un pez, es un desperdicio no comerse la piel.

Para despellejar anguilas y bagres, pasa una estaca a través de ellos y fíjala a través de dos postes. Corta la piel y llévala hacia la cola.

Cómo cocinar

Todo el pescado de agua dulce está bien para comer una vez que esté cocido. Puedes comer pescado de agua salada crudo si ha sido capturado en alta mar.

Hierve o cocina el pescado durante al menos 20 minutos, especialmente si ha sido atrapado en un agua de movimiento lento.

Hornea el pescado enterrándolo en la tierra debajo del fuego. Envuélvelo en hojas o empácalo en barro antes de enterrarlo.

El pescado seco permanecerá comestible durante varios días.

Cuando cocines tiburón, córtalo en cubos pequeños y déjalo en remojo durante la noche en agua dulce. Hiérvelo en varios cambios de agua para eliminar el sabor a amoniaco.

Para cocinar el pulpo, hierve el cuerpo y asa los tentáculos.

Capítulos Relacionados

- Cuerda
- Cocinar

AVES

Todas las aves y sus huevos son comestibles, excepto el Alcaudón y el Pitohui. Ambos se encuentran en Nueva Guinea.

Estos métodos para atrapar pájaros también funcionarán para murciélagos y animales voladores similares.

Huevos de ave

Antes de intentar atrapar o cazar pájaros, vale la pena buscar sus huevos. Son buenos para comer y mucho más fáciles de conseguir.

Hervir un huevo es lo mejor. Si hay un embrión adentro, puedes sacarlo y asarlo a fuego abierto.

Cuando no sea posible hervirlo, ásalo. Primero debes perforar la yema; de lo contrario, explotará en el fuego. Crea un agujero lo más pequeño que puedas en el extremo plano del huevo y luego mete ahí algo. Coloca el huevo cerca del fuego con la punta abierta y dale la vuelta después de unos minutos para que el calor se extienda uniformemente.

Dónde encontrar aves

Observa la dirección de su vuelo temprano en la mañana y al final de la tarde, lo que te llevará a las áreas de alimentación, bebedero y descanso. Los cantos de los pájaros son una indicación de las áreas de anidación. Los excrementos pueden indicar un descanso nocturno.

Anzuelos cebados

Una buena forma de capturar aves marinas es con anzuelo y sedal. Envuelve el anzuelo con cebo (fruta, pescado, etc.) y lánzalo al aire para que el ave lo atrape. Una variación de esto es envolver la comida alrededor de una piedra en lugar de un anzuelo. La piedra dentro del pájaro hará que se estrelle.

Bola

Una bola es un arma fácil de hacer para usar contra una bandada que vuela bajo.

Para hacer una bola, necesitas tres trozos de cuerda de 50 cm (20 pulgadas) de largo y tres piedras de 1/4 kg (1/2 lb) de peso. Une los trozos de cuerda en un extremo y ata una piedra en el otro extremo.

Para usar la bola, sujétala por el nudo y colócala sobre tu cabeza en un círculo. Suelta el nudo para que vuele hacia tu objetivo.

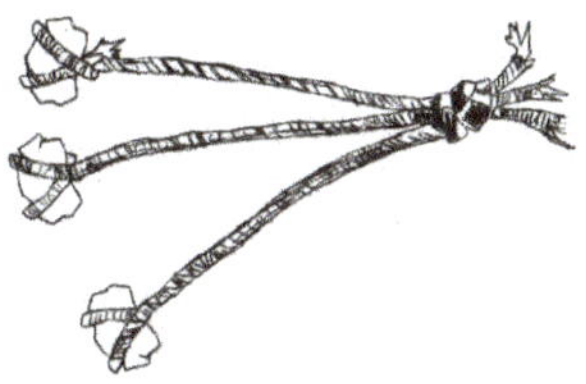

Honda de piedra

Para hacer una honda, necesitas dos trozos de cuerda de 50 cm (20 pulgadas) de largo y un pequeño trozo rectangular de tela del tamaño de la palma de tu mano. El cuero suave es lo mejor, pero cualquier paño que no sea demasiado endeble funcionará.

Haz dos agujeros en la tela, uno en cada uno de los lados más cortos. Coloca un trozo de cable en cada agujero. En el otro lado de la cuerda, haz un pequeño nudo en un extremo y crea un lazo para el dedo en el otro.

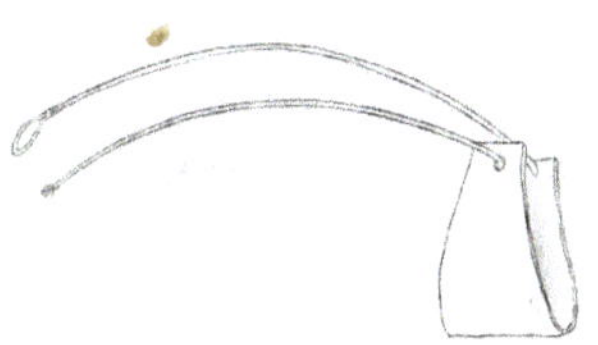

Usa guijarros más grandes como munición. Trata de encontrar unos que tengan 2,5 cm (1 pulgada) de diámetro cada uno.

Pasa el dedo medio por el lazo del dedo y sostén el otro extremo con el pulgar y el dedo índice. Balancea la honda verticalmente en un círculo hacia adelante, al costado de tu cuerpo.

Apunta a tu objetivo para una mayor precisión y suelta la cuerda anudada.

Usar una honda o una bola de manera efectiva no es difícil, pero se necesita un poco de práctica para apuntar correctamente.

Garrotes

Con rastreo sigiloso puedes acercarte a las colonias terrestres y lanzar una piedra o un palo atrapa conejos para noquear a un ave.

En el mar, es posible que puedas atraer a las gaviotas con cebo. Una vez que estén lo suficientemente cerca, golpéalos con un remo.

Preparación de aves

Prepara el ave poco después de matarla.

Estira el cuello, corta la garganta y cuélgala boca abajo para drenar la sangre. Arranca las plumas mientras aún esté caliente. El agua caliente aflojará sus plumas, menos de las aves acuáticas.

Corta la parte inferior del ave desde el cuello hasta la cola y quítale las entrañas. Puedes comer el corazón y el hígado después de cocinarlos. Retira la cabeza y las patas, y corta el resto. No despellejes las aves en situación de supervivencia, ya que al hacerlo les quitas el valor nutricional.

Hierve la carne durante 20 minutos. También puedes asar aves jóvenes no depredadoras.

Puedes usar las plumas para aislamiento, yesca y pesca. Cualquier otra cosa que no comas es un buen cebo.

Capítulos Relacionados

- Garrotes

REPTILES Y ANFIBIOS

Los reptiles son una buena fuente de proteínas y relativamente fáciles de atrapar. Pueden tener parásitos, pero puedes comerlos crudos en caso de emergencia.

Lagartos

Atrapa pequeños lagartos por la cola o usa una trampa de agujero tal como un mini destilador solar subterráneo. Ten cuidado con las serpientes que puedan seguirlos.

Para preparar un lagarto, comienza por quitarle la cabeza. Asegúrate de cortar más allá de los sacos de veneno si los tiene. Corta su piel desde el ano hasta el cuello. Extrae los órganos internos y deséchalos. Para quitar la piel, ásalo. Cuando la piel se abra, despelleja desde la parte superior (donde cortaste la cabeza del lagarto) hasta la parte inferior. Asa o hierve la carne.

Serpientes

Algunas serpientes son venenosas, pero aun así son comestibles. Como regla general, mantente alejado de las serpientes a menos que estés desesperado por comer o estés seguro de que no son venenosas.

Para atrapar una serpiente, usa un palo bifurcado para sujetarla justo detrás de su cabeza y luego golpea la parte posterior de su cabeza o clava con una lanza para matarla. Cuidado con que se haga el muerto.

Córtale la cabeza detrás del palo (en el lado de la cola) para que puedas apartarlo. Entiérrala una vez que deje de moverse. Asegúrate de cortar más allá de los sacos de veneno si los tiene. Pela la piel de la cabeza a la cola y retira las entrañas. Córtala en trozos y hiérvela o ásala. La carne será gomosa, pero comestible.

Ranas

Las ranas que no son de colores brillantes son comestibles, a menos que tengan una «X» en la espalda. No comas ni manipules sapos a menos que sepas que son comestibles.

Encuentra ranas cerca del agua y luego usa una luz para deslumbrar a una y golpéala con un garrote. Destrípala y quítale la piel, ya que podría ser venenosa. Límpiala bien y hiérvela o ásala.

Tortugas marinas y terrestres

La mayoría de las tortugas son comestibles después de que se cocinan, aunque la tortuga de caja y la tortuga de carey no lo son.

La tortuga de caja es originaria de América del Norte y México. Tiene un caparazón abovedado. El patrón de la concha puede ser diferente al de esta imagen dependiendo de la especie exacta.

Distingue la tortuga de carey de otras tortugas marinas por su pico curvo.

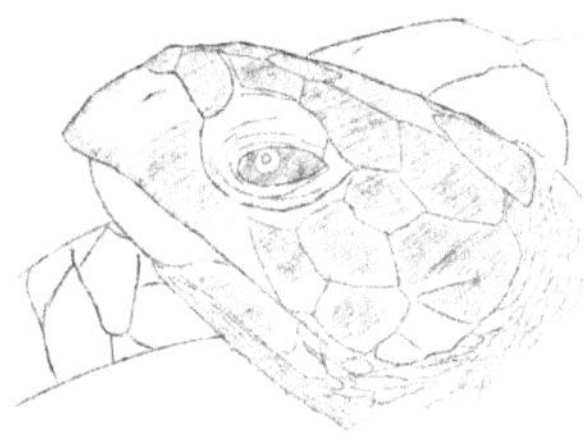

Para preparar una tortuga marina o terrestre para comer, primero córtale la cabeza. Usa un cebo para que asome la cabeza. Cuelga la tortuga boca abajo para que salga la sangre. Córtale el caparazón inferior y cocina la carne en una sopa.

Capítulos Relacionados

- Destilación del Agua

ANIMAL DE CAZA MUERTO

Las grandes áreas musculares de los animales de caza muertos que no están envenenados ni en descomposición son seguras para comer. Verifica y asegúrate de que parezca bien alimentado y tenga un olor limpio.

No lo comas si tiene:

- Mal olor antes, durante o después de hervir.
- Ojos colapsados.
- Carne descolorida.
- Una mirada enfermiza.
- Una sensación babosa.

Corta la carne en cubos pequeños y hiérvela durante 30 minutos. Come un poco y espera 30 minutos para ver si hay algún efecto nocivo. La mayoría de las toxinas actúan en 30 minutos.

FUEGO

Hacer un fuego mientras evades a tu enemigo es arriesgado. Solamente hazlo si es absolutamente necesario, es decir, en casos de frío extremo, para purificar el agua o cocinar los alimentos.

Las mejores alternativas para hacer fuego son:

- Construye un refugio y aísla tu cuerpo.
- Recolecta agua dulce.
- Come cosas que no tengas que cocinar.

Si decides encender un fuego, ocúltalo tanto como sea posible. Constrúyelo detrás de una barrera natural que pongas entre tú y tu enemigo. Esto bloqueará la luz, la protegerá del viento y te devolverá el calor.

Considera el viento por razones tácticas y de seguridad. Hará parpadear las llamas y moverá el humo. El anochecer, el amanecer o el mal tiempo reducirán el humo. El humo sube directamente en un buen día.

Por razones de seguridad, nunca dejes un incendio desatendido.

RECOLECTAR COMBUSTIBLE

Recolectar combustible es el primer paso para encender un fuego. Hay tres tipos de combustible: yesca, leña y combustible principal.

Reúne la cantidad que necesitas para subsistir mientras dure el incendio. Apílalo lo suficientemente cerca para que sea práctico, pero lo suficientemente lejos de las llamas para estar seguro.

La madera muerta es mejor, ya que la madera viva contiene mucha humedad. No utilices madera de un área biológicamente contaminada y protege todo el combustible de la humedad.

Para encontrar combustible seco en clima húmedo, busca:

- Interior de troncos huecos.
- Para madera que no llega al suelo.
- Para madera que se coloca verticalmente.
- Debajo de la primera capa o dos de corteza de árbol.
- Bajo la nieve.
- Debajo de las capas superiores de follaje.

Yesca

La yesca es cualquier material que solo necesita una chispa para encenderse. Debe estar muy seca. Aquí hay unos ejemplos:

- Corteza de abedul.
- Paño de carbón.
- Pelusa de algodón.
- Plumón.
- Césped.
- Hongos en polvo.
- Bambú afeitado.
- Plástico o caucho triturado.
- Nidos de termitas.
- Hilo.

- Ramitas de menor tamaño hasta palillo de dientes.
- Papel encerado.
- Polvo o virutas de madera.

Puedes hacer que la yesca se queme mejor saturándola con productos derivados del petróleo (vaselina, lápiz labial, desinfectante para manos, repelente de insectos, gas, etc.). También puedes hacer esto con la leña.

Paño de carbón

La tela de carbón es como una yesca prefabricada. Es altamente combustible, de combustión lenta y fácil de hacer. Para hacer unos paños de carbón:

Haz un pequeño agujero (1 mm como máximo) en la parte superior de una lata hermética pequeña.

Coloca (no lo empaques apretado ni los tires) pequeños cuadrados de tela 100% natural dentro de la lata. Cualquier tela 100% natural funcionará, pero esto debe ser al 100%; por ejemplo, una camiseta vieja de algodón.

Pon la lata al fuego suave o en las brasas. Hazlo para que puedas ver el humo que sale del agujero en la lata. Puede incendiarse. Esto está bien; se quemará solo. Cuando no salga más humo, saca la lata del fuego.

Deja que la lata se enfríe un poco antes de abrirla, o podría arruinar la tela.

Quieres que la tela esté completamente negra, un poco suave, pero no demasiado frágil. Si se desmorona, te pasaste y tendrás que empezar de nuevo. Si hay manchas marrones, vuelve a ponerla en el fuego por un poco más de tiempo. Una vez hecho esto, separa cada pieza con cuidado.

Nido de yesca

La construcción de un nido de yesca te da la oportunidad de iniciar un fuego en un entorno salvaje.

Recolecta muchos materiales tipo hebras, fibrosos y esponjosos, como virutas de corteza, pasto seco o líquenes. Tritúralo con tus manos. Trata de hacer que las hebras sean lo más suaves posible.

Obtén las piezas más grandes y moldéalas en un «nido de pájaro» del tamaño de una palma. Reúne las siguientes piezas más grandes y agrégalas al medio del nido. No las empaques. Repite este proceso, usando fibras cada vez más pequeñas, hasta que no quede nada.

Es posible encender un nido de yesca con chispas, pero es mejor poner un paño de carbón o una brasa en su interior.

Si la yesca no enciende, podría deberse a que:

- No está lo suficientemente seca.
- Está tejida demasiado apretada.
- Estás soplando demasiado fuerte.
- No lo amasaste lo suficiente.

Leña menuda

La leña menuda es el material encendido por la yesca, que arderá el tiempo suficiente para encender el combustible. Necesitas un buen suministro, y debe estar seco.

Busca madera blanda del grosor de un lápiz. La madera resinosa es buena porque su savia es inflamable. Emplumar la madera con cortes poco profundos hará que se incendie más fácilmente. Este es un palito de plumas.

Algunos productos no naturales, como una cuchara de plástico o un trozo de una chancla, son buena leña porque se incendian fácilmente y permanecen encendidos durante un tiempo.

Combustible principal

Esto es lo que mantiene el fuego encendido. Está bien si está un poco húmedo, pero eso generará más humo.

Algunos buenos materiales como combustible principal son: el bambú, el carbón, el estiércol seco mezclado con pasto y hojas, turba o turbera seca, madera no aromática, etc. Las maderas duras queman por más tiempo. Se encuentran en árboles de hoja ancha.

Para dividir un tronco sin un hacha:

- Rompe el tronco sobre una roca.
- Quémalo en el medio para debilitarlo, luego písalo.
- Usa un tenedor en un árbol como punto de apoyo. Coloca el tronco en el medio de la horquilla para romperlo.

FUEGO TIPI

El fuego tipi es un fuego común que recibe su nombre por su forma. Es rápido de construir y rápido de quemar, lo que es ideal para el superviviente evasivo. El fuego tipi es en su mayoría leña, pero puedes agregar combustible principal si deseas que queme por más tiempo.

Cava una depresión para encender el fuego. Esto ayuda a ocultar el fuego y bloquear el viento. Hasta una pequeña depresión es mejor que nada. Rodéalo con rocas secas, no porosas u otras cosas para aumentar la protección contra el viento y bloquear la luz.

Por seguridad, despeja un área pequeña alrededor del fuego de cualquier elemento inflamable. No hagas el claro demasiado grande, de lo contrario será más difícil esconderlo cuando hayas terminado. Un radio de 1/2 m (20 pulgadas) es suficiente.

Coloca un lecho de yesca (o su nido de yesca) en el centro de tu hoguera y enciéndelo.

Coloca suavemente más yesca sobre ella, poco a poco. Ten cuidado de no sofocar las llamas. A medida que el fuego crezca, comienza a colocar leña sobre él pieza por pieza para crear un tipi. Continúa agregando trozos de leña cada vez más grandes, continuando con la forma de un tipi.

Una vez que tu fuego sea lo suficientemente fuerte, agrega trozos de combustible principal. Nuevamente, ten cuidado de no sofocarlo.

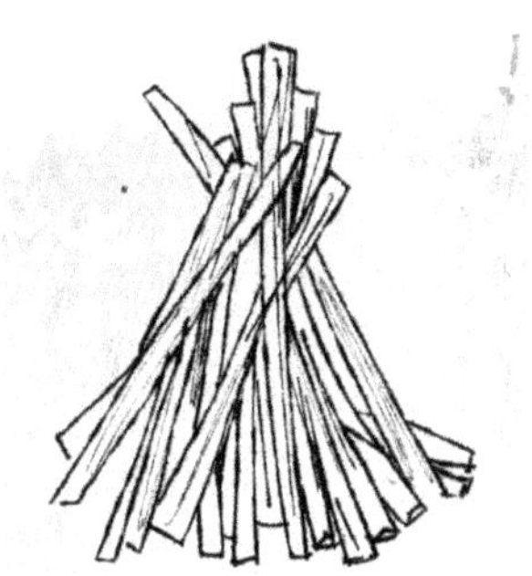

Si no puedes iniciar un incendio en un pozo, esto puede deberse a la falta de flujo de aire. Intenta construirlo sobre un pequeño montículo de tierra, aunque no es una buena idea en situaciones tácticas.

Cuando el suelo esté mojado o con nieve, construye una plataforma con troncos verdes o piedras secas no porosas.

Otro tipo de fuego útil para cuando la evasión no es un problema es el fuego piramidal. El fuego piramidal da mucho calor y crea una gran señal luminosa, que es ideal para el rescate. También es bueno para cocinar.

Capítulos Relacionados

- Encender una Hoguera

AGUJERO DE FUEGO DAKOTA

Hacer un fuego dentro de un agujero Dakota tiene muchas ventajas para el superviviente evasivo. Este tipo de hoguera es:

- Más fácil de encender con vientos fuertes.
- Fácil para cocinar (coloca palos verdes sobre el agujero a modo de parrilla o cocina sobre las brasas).
- Energéticamente eficiente (requiere menos madera).
- Rápido de apagar y ocultar.
- Menos humo.
- Emite menos luz.
- Puede convertirse en un lecho de fuego modificado.

Las desventajas son que requiere mucha mano de obra (necesitas excavar), y no irradia mucho calor.

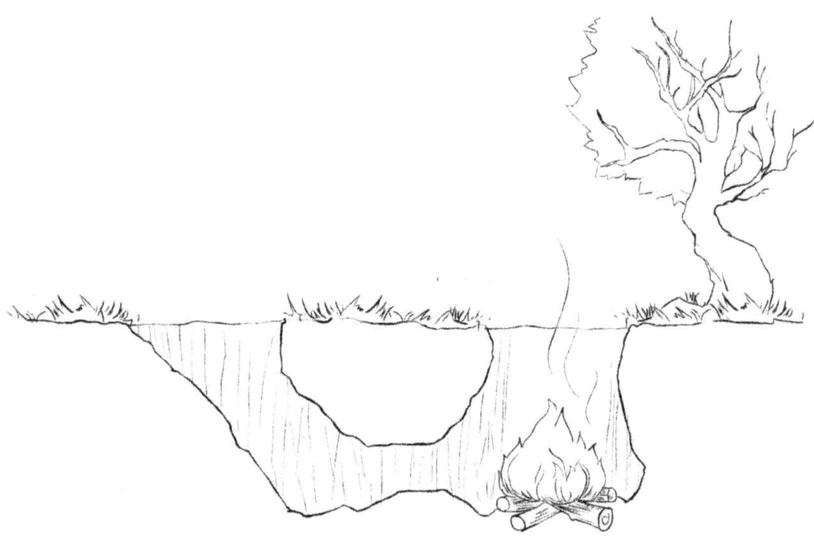

Trata de encontrar tierra seca y compacta para excavar, preferiblemente lejos de raíces y rocas grandes. Un lugar debajo de un dosel de follaje frondoso es lo ideal, ya que esto dispersará el humo y ayudará a evitar la lluvia.

Cava un agujero en el suelo de 30 cm (10 pulgadas) de profundidad y 20 cm (8 pulgadas) de ancho. Este es el agujero del fuego.

Crea un conducto de ventilación en el lado contra el viento del agujero de fuego. Hazlo a 30 cm (10 pulgadas) del orificio del fuego y a 30 cm (10 pulgadas) de ancho. Inclina el eje para que se conecte a la parte inferior de tu agujero de fuego.

Crea una zanja alrededor del agujero para desviar el agua en caso de lluvia.

Enciende tu fuego en el agujero.

Capítulos Relacionados

- Camas Improvisadas

ENCENDER UNA HOGUERA

El encendido de una hoguera es la parte más difícil, especialmente si no tienes fósforos o un encendedor.

Enciende el fuego desde el lado en contra del viento, de modo que el viento lleve las llamas al resto de su estructura. Si hace viento, usa tu cuerpo para bloquear el viento hasta que el fuego aumente intensidad.

Si tienes fósforos, haz todo lo posible para conservarlos.

- Seca un fósforo húmedo con electricidad estática. Envuélvelo con un poco de cabello seco. Ejerce presión sobre la cabeza al rozar para encenderlo.
- Enciende fuego sin ellos siempre que sea posible.
- Divide cada uno por la mitad a lo largo para tener dos.

Uso de chispas y carbón para encender un fuego

Poner una chispa directamente en la yesca para iniciar un fuego es posible, pero difícil. Dirigir las chispas a un nido de yesca es más fácil, y dirigirlas a un paño de carbón dentro de un nido de yesca es lo más fácil. Para hacer esto:

- Coloca tu paño de carbón dentro de un nido de yesca.
- Dirige las chispas sobre el paño de carbón. Comenzará a arder.
- Dobla suavemente los lados del nido de yesca para que toque la tela de carbón humeante.
- Sóplalo para encender el fuego en tu nido. Cuanto más rojo se ponga, más fuerte puedes soplar.
- Usa este nido de yesca en llamas para encender el fuego colocándolo debajo de la leña menuda.

Encendedores de hogueras para la supervivencia

Hay muchos tipos diferentes de encendedores de hogueras para la supervivencia en el mercado, pero todos son esencialmente uno de tres tipos: Ferrocerio, magnesio o pedernal y acero.

El ferrocerio es el más versátil. No necesitas un chispero especial y es el más fácil para conseguir una chispa. Sin embargo, puedes encender una hoguera con cualquiera de estos utilizando básicamente el mismo método. Si compras uno, puede que venga con instrucciones que debas seguir. Si no, este es el método general:

- Coloca la varilla de ferrocerio (o lo que sea) sobre tu tela de carbón (o nido de yesca) en un ángulo de 45 grados.
- Coloca tu herramienta de raspado en la parte superior de la varilla y sostenla firmemente en un ángulo de 45 grados con respecto a la varilla.
- Tira de la varilla hacia atrás con un movimiento lento y constante. Es importante tirar de la varilla hacia atrás en lugar de mover el raspador hacia adelante, ya que esto te da más control y una mejor lluvia de chispas.
- Sigue aplicando presión mientras tiras de la varilla hacia atrás para obtener más chispas.
- Las chispas caerán sobre tu tela de carbón o nido de yesca.

El ferrocerio no requiere un raspador específico. La parte posterior de tu cuchillo (nunca uses el lado afilado), rocas duras, huesos duros, vidrios rotos y otras cosas funcionarán.

Baterías y metal

Crea chispas con una batería y cualquier cosa de metal tocando el metal en los terminales positivo y negativo de la misma batería al mismo tiempo.

No toques el metal desnudo mientras tocas los terminales de la batería.

A continuación, se muestran algunos ejemplos en los que puedes apoyarte en función de lo que tengas:

- Conecta un trozo de papel de aluminio a ambos lados de una batería AA.
- Coloca un cuchillo de metal contra ambos terminales de la batería de un teléfono celular. Esto no se recomienda a menos que no tengas otro uso para tu teléfono celular.
- Con un cable (preferiblemente aislado), conecta una punta del cable al terminal positivo y la otra al terminal negativo. Coloca los dos extremos de los cables sueltos sobre la yesca y tócalos para crear chispas.
- Frota suavemente los terminales de una batería de 9 voltios sobre lana de acero.

Rocas

Puedes crear chispas golpeando dos rocas juntas, pero las rocas deben tener características específicas. Si no estás familiarizado con las rocas del área, deberás comprobarlas, lo que generará ruido.

La roca A debe ser pirofórica, lo que significa que debe ser algo que se encienda espontáneamente en el aire a 55 ° C (130 ° F) o menos.

El hierro es pirofórico y está en el acero, por lo que el método del pedernal y el acero es tan común. El acero al carbono es el mejor. Es posible que otros aceros no funcionen bien. El acero inoxidable, por ejemplo, es demasiado duro.

En la naturaleza, puedes usar pirita de hierro u oro de tontos. Esto a menudo se encuentra en los mismos lugares que el pedernal (roca B), dentro de rocas sedimentarias como carbón, piedra caliza, lutita, etc.

La pirita de hierro se parece al oro, pero es de color más claro. Puede verse opaca o empañada o tener rayas de color negro verdoso.

Otra sustancia que podrías utilizar es la marcasita. La marcasita tiene características similares a la pirita, pero no es tan brillante. Las superficies frescas son de un amarillo pálido a muy pálido y tienen un aspecto metálico brillante. Se vuelve marrón con una raya negra cuando se empaña.

Ni la pirita ni la marcasita se pueden rayar con un cuchillo.

La roca B debe ser muy dura y preferiblemente afilada cuando se fractura.

El pedernal es ideal y se encuentra comúnmente dentro de otras rocas sedimentarias (una roca que parece estar en capas) como tizas y calizas. Busca dentro o cerca de fuentes de agua (lagos, lechos de ríos, etc.).

Encuentra una piedra que creas que puede contener pedernal y mira dentro de ella golpeándola con una piedra dura y redonda de tamaño mediano. Golpea el borde delgado de la «roca de pedernal» en un ángulo de 90 grados.

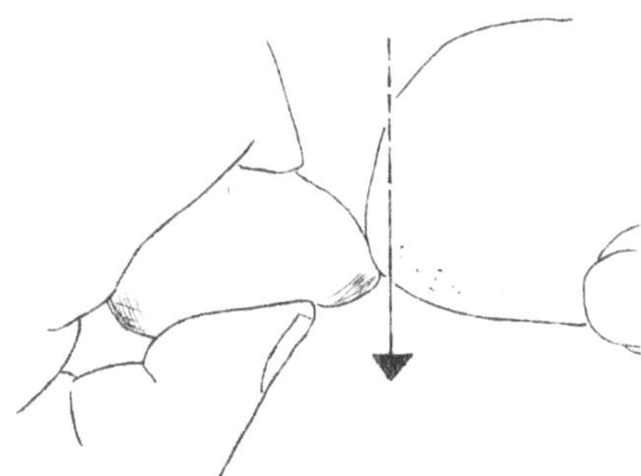

El color del pedernal varía. Puede ser: blanco, gris, negro, rojo oscuro, azul profundo u otro color.

Otras rocas que funcionan incluyen: ágata, jaspe, cuarzo y más. Busca rocas que tengan un interior liso y no poroso con un aspecto vidrioso / lechoso / ceroso. Experimenta para encontrar lo que funcione mejor.

Una vez que hayas encontrado una buena roca, debes crear un borde afilado, a menos que ya tengas uno. Usa el mismo método que utilizarías al crear un cuchillo de piedra.

Cuando tengas tus dos rocas (A y B) listas, usa la roca B para golpear de refilón sobre la roca A. Lloverán chispas sobre tu tela de carbón o nido de yesca.

Cómo enfocar el sol

Para crear un fuego con el sol, necesitas un día soleado, pero hacerlo no es lo ideal, ya que el humo enviará una señal clara a tu enemigo.

Para utilizar este método, enfoca los rayos del sol a través de una lente clara y curva para formar el punto de luz más pequeño que puedas.

Las gafas, un recipiente transparente lleno de agua (bolsa de plástico, condón, botella de agua, etc.), una lupa, un trozo de una botella de vidrio transparente, etc., son buenos lentes.

Enfoca este punto en tu nido de yesca y sopla suavemente mientras encandece.

Sustancias químicas

La mezcla de sustancias químicas específicas creará una reacción para encender un fuego. Tritúralas con piedras o colócalas en el punto de fricción de cualquier método de fuego por fricción. Manéjalos con cuidado y mantenlos alejados del metal.

Usa:

- Tres partes de clorito de potasio (tabletas para la garganta) y una parte de azúcar.
- Nueve partes de permanganato de potasio (medicamento para la afección de la piel) y una parte de azúcar.
- Tres partes de clorato de sodio (herbicida) y una parte de azúcar.

Como último recurso, usa cualquier pirotecnia, como bengalas.

Encender gas, aceite o grasas

Considera cuidadosamente antes de encender gasolina, aceite o grasas, ya que son altamente inflamables. Nunca las enciendas directamente. Mejor usa algo como un palito de pluma.

Mantén los suministros adicionales a una distancia segura del fuego y ten cuidado de que el combustible no entre en contacto con la piel, especialmente en climas fríos.

Para quemar aceite y agua, usa dos partes de aceite con una parte de agua. Usa una barrera, como una hoja de metal, para evitar que se empape en la tierra.

Para quemar gasolina, mézclala con arena. Cuando la uses como un encendedor de fuego rápido, coloca un trapo empapado de gasolina en la yesca y vierte más gasolina sobre la leña. Espera unos segundos, luego enciende el trapo. Si el fuego no se enciende la primera vez, verifica que no haya chispas o brasas antes de agregar gasolina adicional.

Capítulos Relacionados

- Cuchillos
- Recolectar combustible
- Fuego por Fricción

FUEGO POR FRICCIÓN

El fuego por fricción se hace frotando trozos de madera para crear calor. Producir suficiente calor producirá una brasa, que luego puedes usar para encender tu yesca.

Hay varias formas de hacer un fuego por fricción. Ninguna es fácil y todas necesitan práctica.

Todos los fuegos por fricción tienen dos componentes principales de madera: una tabla de fuego y un taladro. El tipo de madera que utilices para estos componentes determinará tus posibilidades de éxito.

Encuentra la madera muerta más seca que esté en posición vertical y usa la misma especie, y preferiblemente de la misma pieza de madera para ambos componentes. Usar diferentes maderas es posible si eso es todo lo que tienes, pero será más difícil.

Quieres usar madera que no sea ni demasiado dura ni demasiado blanda. Si es demasiado dura, no podrás crear polvo para la brasa, pero si es demasiado blanda, se romperá bajo la presión. Una prueba fácil es presionar la uña contra la madera (no la corteza). Si puedes dejar una impresión en ella sin doblar tu uña, debería funcionar.

Investiga dependiendo de tu ubicación. Por ejemplo, en climas templados (como América del Norte), se sabe que el aliso, el álamo y el sauce son buenas opciones.

Una vez que encuentres algo que funcione, llévala contigo o anótalo.

El arado de fuego

El arado de fuego no es la forma más fácil de iniciar un fuego por fricción, pero no requiere ninguna herramienta para construirlo.

En esta descripción, el componente de la tabla de fuego es la base y el taladro es el arado.

A diferencia de otros métodos de fuego por fricción, este será más fácil de usar si tu tabla de fuego es un poco más blanda que tu arado.

Para la tabla de fuego, necesitas un trozo de madera de al menos 5 cm (2 pulgadas) de ancho.

Para el arado, busca un palo afilado de 25 cm (10 pulgadas) de largo. Haz el lado delgado (la punta) de aproximadamente 1 cm (1/2 pulgada) de diámetro frotándolo contra una roca abrasiva. Si la punta es demasiado grande, no generará suficiente calor. Si es demasiado pequeña, se clavará en la tabla de fuego, lo que dificultará el movimiento hacia adelante y hacia atrás.

Ahora que tienes los componentes, haz una ranura en tu tabla de fuego. Encuentra una posición en la que te puedas mantener por un tiempo y sostén tu tabla de fuego firmemente para que no se mueva.

Mantén tu arado perpendicular a la tabla de fuego. Coloca una mano 2,5 cm (1 pulgada) por encima de la punta y presiona el extremo con la otra mano. Empuja hacia adelante y hacia atrás (arado) para crear una ranura en la tabla de fuego de 15 cm (6 pulgadas) de largo.

Cuando hayas hecho la ranura, baja el extremo del arado para lograr un máximo contacto entre las dos piezas de madera, sin dejar de mover hacia adelante y hacia atrás.

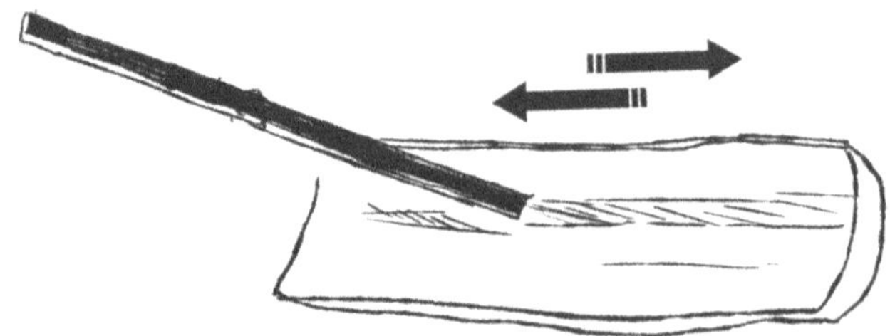

Ara de manera constante, utilizando toda la ranura. Experimenta con la presión y la velocidad hasta conseguir un buen ritmo que produzca humo. Puede formarse un labio en la ranura. Empuja para pasarlo o detente antes de tocarlo.

Cuando empieces a ver humo espeso y polvo negro, levanta un poco el arado para concentrar el calor en la punta. Ten cuidado de no destruir tu pila de polvo, pero al mismo tiempo, debes tocarlo cada otro recorrido.

Colócate encima de la tabla de fuego y usa tus grandes grupos musculares para arar. ¡Se necesita esfuerzo para hacer esto!

El polvo acumulado acortará tu ranura. Mantenla por lo menos de 8 cm (3 pulgadas) de largo para que puedas conservar la velocidad. Extiende la ranura hacia ti mientras aras, si es necesario.

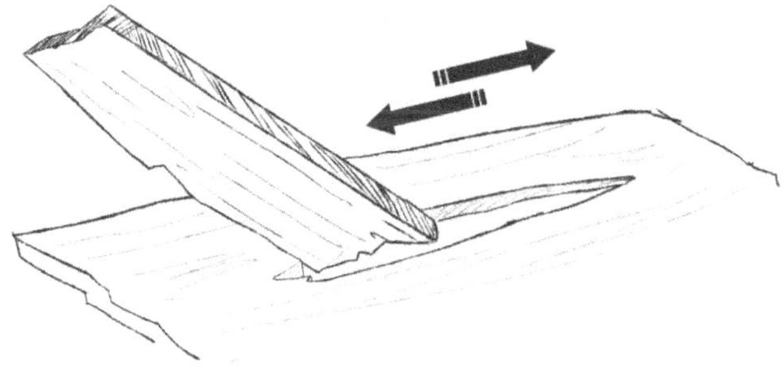

Eventualmente crearás una brasa que usarás para iniciar tu fuego. Ten cuidado de no destruirla.

Solución de problemas para el arado de fuego

Cuanto más fino sea el polvo, mejor. Si estás creando demasiado polvo, usa menos presión y más velocidad.

Si el surco se profundiza demasiado rápido:

- Baja el extremo del arado.
- Usa menos presión y más velocidad.
- Haz una combinación de lo anterior.

Si se forma un esmalte negro brillante, perderás fricción. Para evitar esto:

- Limpia el esmalte con una piedra.
- Deja caer un poquito de arena en la ranura.

Si se vuelve demasiado difícil de arar, es posible que tu surco se esté volviendo demasiado profundo. Hazlo más ancho (en lugar de más profundo) cambiando la presión 45 grados hacia el lado de la ranura.

Arado de fuego de bambú

Este es un arado de fuego hecho de bambú.

Corta una sección de bambú de aproximadamente 1/2 metro (2 pies) de largo. Divídela por la mitad a lo largo, luego crea un pequeño agujero en el centro de una de las mitades. Coloca la pieza de bambú con el agujero dentro sobre un poco de yesca. El lado curvo mira hacia arriba y la yesca está directamente debajo del agujero.

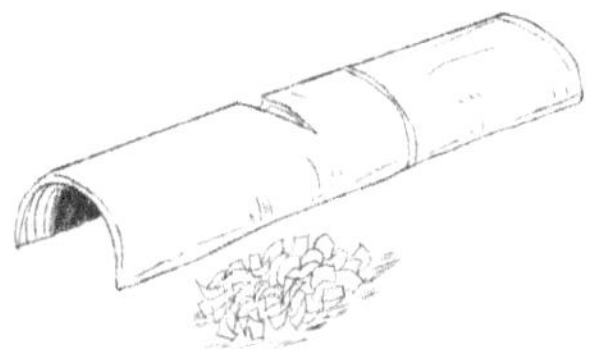

Coloca el borde de la otra mitad del bambú en el agujero. Aplica un poco de presión hacia abajo mientras aras.

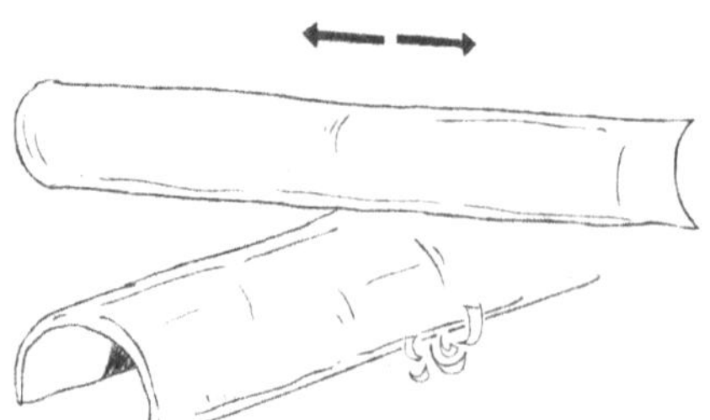

Arco y taladro

La técnica de arco y taladro es la forma más eficiente de iniciar un fuego por fricción, pero requiere el mayor esfuerzo y recursos para configurarlo.

Esta herramienta consta de cinco partes:

- Arco y cuerda.
- Taladro.
- Zócalo.
- Tabla de fuego.
- Parche de ascuas.

El taladro debe estar lo más recto posible. Si tienes los recursos para hacerlo, tállalo.

Haz que sea de 2,5 cm (1 pulgada) de diámetro y 25 cm (10 pulgadas) de largo. Dales forma a ambos extremos en puntas redondeadas, haciendo que uno sea más pequeño que el otro. No lo reduzcas.

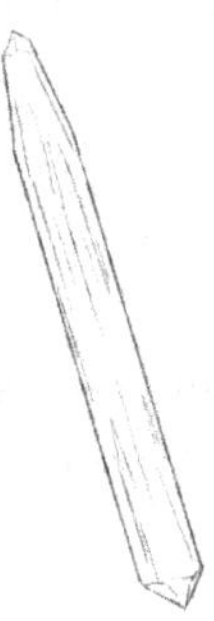

La tabla de fuego tiene un grosor de 2,5 cm (1 pulgada) y su fondo es plano. Talla una pequeña depresión a 2,5 cm (1 pulgada) del borde de un lado. Una roca afilada puede hacer esto.

Para el arco, busca un palo verde resistente de unos 2,5 cm (1 pulgada) de diámetro y un poco más largo que uno de sus brazos. Debe ser ligero, rígido y fuerte con solo un poco de flexión.

La cuerda del arco puede estar hecha de cualquier cuerda. El paracord o los cordones de los zapatos son buenos. La cuerda improvisada dificulta el trabajo, pero está bien si no tienes nada más. Ata la cuerda de un extremo del lazo al otro. Asegúrate que esté tenso.

Utiliza el casquillo para empujar hacia abajo el taladro. Encuentra la madera verde más dura que puedas; necesita humedad para la lubricación. Obtén una pieza que se ajuste bien a tu mano y que tenga una ligera depresión en un lado. La idea detrás de este método es que el parche de ascuas atrapará y transferirá la brasa a tu yesca. La corteza seca funciona bien para esto.

Cuando tengas todas tus piezas, enrolla la cuerda del arco alrededor del taladro una vez, de modo que el taladro esté en el exterior de la cuerda (no entre la cuerda y el arco, en otras palabras). Asegúrate de que el taladro no se resbale en la cuerda al tratar de deslizarlo hacia arriba y hacia abajo. Si se resbala, aprieta la cuerda del arco.

Pon un pie cerca de la depresión en la tabla de fuego para mantener la tabla firme. Apoya la otra rodilla en el suelo.

Escupe en la depresión del zócalo para lubricarlo.

Coloca el extremo pequeño del taladro en la depresión de la tabla de fuego. Coloca el casquillo en la parte superior del taladro y aplica una ligera presión hacia abajo.

Con un movimiento de aserrado suave, mueve el arco hacia adelante y hacia atrás para hacer girar el taladro. Usa toda la longitud de la cuerda. Mantén el taladro vertical y haz el movimiento de aserrado uniforme.

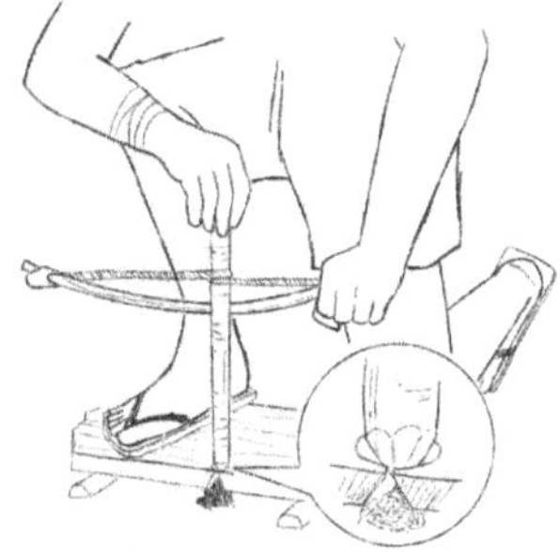

Empieza de forma constante y aumenta gradualmente la velocidad. No vayas demasiado rápido todavía.

Taladra lo suficiente como para hacer una depresión en la tabla de fuego y la parte inferior del taladro en negro. A esto se le llama «quemar el conjunto».

Talla una muesca desde el borde de la tabla de fuego como una rebanada de pastel de 45 grados, que se inclina desde el centro de la depresión quemada. Hazlo en el lado que mira hacia ti mientras taladras. Asegúrate de que no sea demasiado pequeño ni demasiado grande.

Es importante quemar el conjunto antes de tallar la muesca.

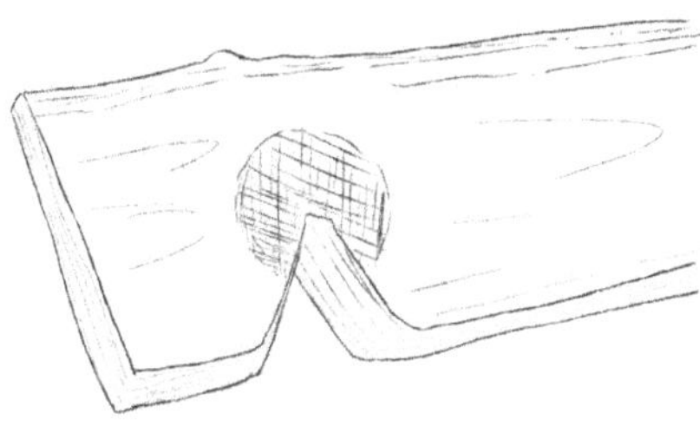

Cuando estés listo para iniciar un fuego, coloca el parche de brasas debajo de la muesca en la tabla de fuego.

Empieza a taladrar como se describió anteriormente.

Cuando aparezca humo, aplica más presión y velocidad. El humo denso que se acumula alrededor de la depresión indica que se está formando una brasa. Haz al menos 10 recorridos completos más.

Inclina con cuidado la tabla de fuego lejos de ti, mientras sostienes la brasa en el parche de brasa con una ramita pequeña. Golpea suavemente la tabla de fuego para asegurarse de que todas las brasas se hayan salido de la muesca y estén sobre el parche de brasas. Retira la tabla de fuego.

Usa la brasa para crear el fuego.

Solución de problemas del método de arco y taladro

Si el taladro no permanece en la depresión:

- Aplica más presión hacia abajo.
- Aumenta el ancho o profundidad de la depresión.
- Haz una combinación de lo anterior.

Si el taladro no gira:

- Aplica menos presión hacia abajo.
- Aprieta la cuerda del arco.
- Haz una combinación de lo anterior.

Si el zócalo empieza a humear:

- Aplica menos presión hacia abajo.
- La madera es demasiado blanda. Lubricarla con algo como grasa o aceite animal ayudará.

Si no hay humo o la cuerda del arco sube y baja por el taladro:

- No estás manteniendo el taladro recto. Bloquea tu mano hueca contra tu espinilla mientras cortas.

- Tu taladro no está tallado en línea recta. Arréglalo u obtén uno nuevo.

Si hay humo, pero no brasas:

- Comprueba que la muesca de la rebanada de pastel esté cortada en el centro de la depresión.

Taladro de mano

El taladro de mano es como un arco y un taladro, pero no tiene arco ni zócalo. Esto lo hace más difícil, pero no imposible.

Haz la tabla de fuego, el taladro y el parche de ascuas de la misma manera que lo haría con el método de arco y taladro.

Haz rodar el taladro en la palma de tus manos, deslizando las manos hacia abajo mientras lo presionas en la depresión.

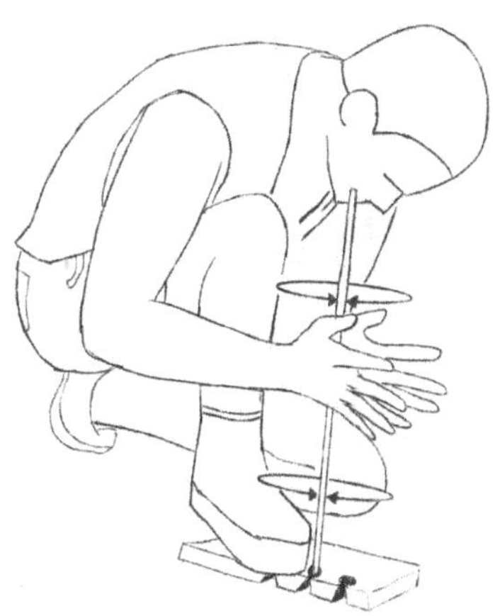

Encender un fuego con una brasa

Cuando ya hayas creado una brasa, debes tener mucho cuidado con ella. Protégela de la humedad, el viento, etc. Protégela con las manos.

Si es necesario, airea suavemente la brasa con la mano libre hasta que comience a brillar. Una vez que brille (no antes), déjala caer con cuidado en tu nido de yesca.

Aprieta suavemente el nido de yesca alrededor de la brasa para que haya un contacto máximo entre el nido de yesca y la brasa, pero no aplastes la brasa.

Sopla con firmeza, pero no demasiado fuerte. La brasa crecerá y comenzará a arder. Aplica más presión y sopla más. Aparecerá un humo espeso y luego el nido estallará en llamas. Invierte tu nido de yesca para que las llamas puedan quemarlo.

Coloca el nido de yesca encendido sobre la yesca en su fuego. Si no tienes un nido de yesca, coloca la brasa sobre la yesca que tengas y sopla suavemente hasta crear llamas. Agrega más yesca para hacer crecer las llamas y aumentar su fuego.

Capítulos Relacionados

- Cuerda
- Fuego tipi

MANTENIMIENTO DEL FUEGO

Tienes que alimentar tu fuego hasta que sea fuerte.

Agrega gradualmente trozos más grandes de combustible, pero ten cuidado de no sofocarlo. Una vez que tengas al menos una pieza de combustible principal ardiendo de manera constante, puedes relajarte.

Si deseas mantenerlo encendido por un tiempo, coloca pedazos más grandes de combustible sobre las llamas en un método entrecruzado.

Como superviviente evasivo, querrás mantener las llamas bajas. Deja que el fuego tipi se derrumbe sobre sí mismo. Puedes forzarlo hacia abajo, pero ten cuidado de no sofocarlo.

Extinguir un incendio

Mantén el fuego solo el tiempo que sea necesario. Una vez que hayas terminado, apágalo y camufla el área.

Si encendiste el fuego dentro de un agujero Dakota, rellena el agujero y haz que el área se mezcle. Para un agujero de fuego, aplástalo y rocíalo con agua. Revuélvelo para asegurarte de que esté completamente apagado. Si no hay agua disponible, usa tierra.

Tira pedazos más grandes de madera carbonizada en varias direcciones, pero no hacia tu refugio. Entierra lo que puedas de los restos más pequeños en tu agujero, si tuvieras uno. Esparce las sobras de los restos y haz que el área se mezcle.

Si tienes algo para sostenerlo, puedes llevar un poco de carbón para facilitar el encendido del próximo fuego, pero también llevará el olor.

En una situación no táctica, puedes apagar un fuego durante la noche cubriendo las brasas con cenizas y tierra seca. Todavía estarán ardiendo por la mañana, y el fuego podrá reiniciarse fácilmente agregando hojas secas y soplándolo. Asegúrate de despejar bien el área a su alrededor, para que no se vuelva a encender por sí solo.

SEÑALES DE RESCATE

Establecer señales de rescate es riesgoso para el sobreviviente evasivo. Puede llevar a tus enemigos hacia ti, pero hay algunas circunstancias en las que quizás quieras intentarlo de todos modos; por ejemplo, estás herido o enfermo y morirás si no te rescatan. En este caso, configura tantos dispositivos de señalización como puedas.

Ten en cuenta que hay formas de enviar señales de rescate sin alertar a tu enemigo.

TIPOS DE SEÑALES DE RESCATE

En una situación de encubrimiento, no uses señales que tu enemigo también pueda ver a menos que estés seguro de que te rescatarán antes de que te capturen.

Evita colocar señales en áreas frecuentadas por personas como carreteras, senderos, estructuras artificiales, áreas habitadas, etc.

Crea una señal y luego escóndete en un lugar donde puedas observarla y a cualquiera que se acerque a ella. Ten una ruta de escape si tu enemigo llega primero.

En situaciones no encubiertas, prepara tantas señales de rescate como puedas. Quédate con tu vehículo, si tienes uno, ya que es más fácil de detectar. Si estás en movimiento, mantente en los senderos establecidos y en otros lugares donde haya mayor probabilidad de ser frecuentado por las personas y los rescatistas.

Llamada de socorro (SOS)

El SOS es el signo universal de socorro. Su patrón es:

... - - - ...

Esto se puede transmitir como:

- corto- corto- corto
- largo- largo- largo
- corto- corto- corto

Audio

Puedes comunicar un SOS tocando (golpeando algo metálico en una tubería, por ejemplo) utilizando la longitud de las pausas entre los golpes.

- Toque- toque- toque. Pausa.

- Toque. Pausa. Toque. Pausa. Toque. Pausa.
- Toque- toque- toque. Pausa.

Todo lo que suene es bueno cuando necesitas un rescate. Haz que se disparen alarmas contra incendios, rompe los escaparates de las tiendas o toca la bocina.

Radios

Las señales de radio se transmiten más lejos cuando estás al aire libre, pero así serás más visible para tu enemigo.

Mayday es una señal de radio de socorro reconocida internacionalmente. Para usarla:

- Mantén presionado el botón de llamada de radio.
- Habla firme y claro.
- Espera un segundo.
- Di «Mayday, Mayday» (se pronuncia «meidei»).
- Da tu ubicación, preferiblemente en coordenadas del mapa.
- Solicita el envío inmediato de los servicios de emergencia.
- Suelta el botón de llamada y espera una respuesta.

La falta de respuesta no significa que nadie te escuche. Repite la información tres veces seguida antes de apagar la radio para ahorrar batería.

Repite esto a intervalos regulares.

Una vez que se establezca el contacto, mantén la comunicación hasta que te rescaten. Proporciona tanta información adicional como sea posible. Dales una lista de tus lesiones, suministros y peligros. Haz lo que se te indique.

Visual

Cualquier destello de luz es una buena señal visual. Enciende y apaga las luces siguiendo el patrón SOS. Por ejemplo, haz lo siguiente:

- Tres ráfagas de luz breves (de un segundo).
- Tres ráfagas de luz largas (tres segundos).
- Tres ráfagas de luz breves (de un segundo).

También puedes escribir SOS o HELP y mostrarlo en una ventana.

En una situación en la naturaleza, escribe SOS en el suelo para que los rescatistas en aviones te vean. Trata de colocarlo en un lugar que se pueda ver en cualquier dirección y que esté lo más alto posible. Hazlo grande y usa materiales que contrasten con el suelo o trasfondo. Trae material de otra área si es necesario.

Un triángulo grande es otro símbolo internacional de socorro.

Bengalas

Las bengalas son reconocidas internacionalmente como señales de socorro. Si puedes elegir el color, elige el que más contraste con el suelo o trasfondo. El rojo es una buena opción en la mayoría de los casos.

Lee atentamente las instrucciones antes de dispararla.

Si estás en un bote, sostén la bengala sobre el costado para evitar daños a tu embarcación.

Siempre dispara una bengala frente a la posible embarcación de rescate, no después de que haya pasado.

Marcadores de tinte de mar

Los marcadores de tinte de mar son visibles hasta 5 km (3 millas), en promedio. No los uses en mares agitados o en aguas rápidas. Es un desperdicio.

También puedes usarlos para colorear la nieve.

Conserva los que no vas a usar envolviéndolos de nuevo.

Espejos de señalización

Puedes usar cualquier elemento reflector, como una lata de refresco pulida, como espejo de señal. Pule el metal con arena.

Mantén tu espejo de hacer señales a la mano para su uso inmediato. Cuélgalo alrededor de tu cuello, por ejemplo. Asegúrate de que el lado reflector esté contra tu cuerpo, para que no te delate en una situación de encubrimiento.

Para usar un espejo de señales:

- Acerca el espejo a tus ojos.
- Coloca tu mano entre tú y el barco de rescate.
- Inclina el espejo de modo que destelle en tu mano.
- Aleja tu mano.

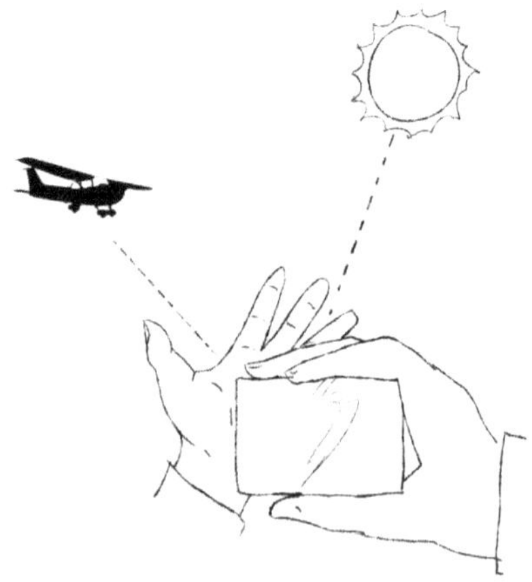

No dirijas el rayo hacia la cabina de un avión durante más de unos segundos. Detente una vez que el piloto te reconozca bajando sus alas o haciendo parpadear sus luces.

Si no puedes ver la embarcación, refléjalo en la dirección de donde lo oyes venir.

Incluso cuando no haya señales de una embarcación de rescate, barre el horizonte con tu espejo de señales regularmente en la dirección opuesta adonde está tu enemigo.

Banderas

Atar cualquier pieza de tela (por ejemplo, ropa) a un palo es una buena bandera. Cuanto más luminosa o brillante sea, mejor. Mantén la bandera a tu izquierda para guiones y a tu derecha para puntos. Haz pausas un poco más largas con guiones que con puntos.

Usa figuras en ocho para exagerar. Ve a la izquierda y haz uno, luego ve a la derecha y haz otro.

Fuego

Establece fuegos como señales en lugares claros o en puntos altos, y en la dirección del viento de los sitios de aterrizaje si es posible. Mantenlos secos y llenos de yesca para que se enciendan rápidamente cuando sea necesario.

Un solo fuego atraerá la atención, pero tres en un triángulo es una señal definitiva de socorro.

Si la vegetación es densa, puede que tengas que crear un fuego en un lago o río para que se vea. Construye una balsa para ponerla y anclarla en su sitio.

Un fuego brillante es mejor por la noche y un fuego humeante es mejor durante el día. Hacer fuego sobre metal lo hace más brillante, especialmente si el metal está pulido.

El humo oscuro se destaca sobre la nieve o la arena del desierto. Los productos de caucho o petróleo (por ejemplo, aceite) producirán un humo oscuro.

El humo color claro se destaca contra el bosque oscuro. Usa vegetación verde y materiales húmedos para crearlo.

Los fuegos piramidales son buenas señales de fuego. Para hacer uno:

- Coloca dos troncos paralelos entre sí.
- Apila dos troncos más perpendiculares a los dos primeros.
- Continúa apilando troncos de esta manera.
- Coloca yesca y leña en el centro.
- Cubre la pirámide con material que produzca humo, si corresponde. Esto también protege la leña del mal tiempo. Deja un hueco para que puedas encenderlo.

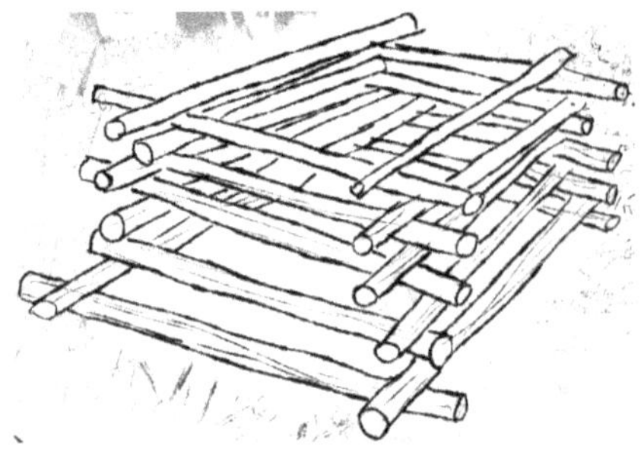

Árboles de antorcha

Los árboles pequeños y aislados son buenas señales de fuego prefabricadas. Coloca yesca seca en todas las ramas que puedas alcanzar fácilmente o enciende fuego en las bases de los árboles.

En movimiento

Si abandonas el campamento de manera permanente, deja información para ayudar a los rescatistas a encontrarte (suponiendo que no te estén persiguiendo). Incluye tu:

- Dirección de viaje. Idealmente, usa una flecha grande para que sea visible desde el aire.
- Fecha y hora de salida.
- Destino.
- Suministros disponibles.
- Condición personal.

Continúa dejando señales de tu trayectoria a medida que avanzas. Dobla las cosas en la dirección hacia la que te diriges, por ejemplo.

REFERENCIAS

12PillarsOfSurvival.com. *Survival Stash.* 12PillarsOfSurvival.com.

Alton, J. (2016). *The Survival Medicine Handbook.* Doom and Bloom.

Auerbach, P. Constance, B Freer, L. (2018). *Field Guide to Wilderness Medicine.* Elsevier.

Chesbro, M. (2002). Wilderness Evasion. Paladin Press.

Department of Defense. (2011). *U.S. Army Survival Manual: FM 21-76.* CreateSpace Independent Publishing Platform.

DOD United States Department of Defense. (2011). *Survival, Evasion, and Recovery.* Pentagon Publishing.

Emerson, C. (2016). *100 Deadly Skills: Survival Edition.* Atria Books.

Fiedler, C. (2009). *The Complete Idiot's Guide to Natural Remedies.* Alpha.

Goodwin, L. (2014). *Prepping A to Z: Book A.*

Goodwin, L. (2014). *Prepping A to Z The Book Series Book B.*

Goodwin, L. (2014). *Prepping A to Z The Book Series Book C.*

Goodwin, L. (2014). *Prepping A to Z The Book Series Book D.*

Goodwin, L. (2014). *Prepping A to Z The Book Series Book E.*.

Goodwin, L. (2014). *Prepping A to Z The Book Series Book F.*

Hanson, J. (2015). *Spy Secrets That Can Save Your Life.* TarcherPerigee.

Hanson, J. (2018). *Survive Like a Spy.* TarcherPerigee.

Hawke, M. Hawke, R. (2018). *Family Survival Guide.* Skyhorse.

Lieberman, D. (2018). *Never Be Lied to Again.* St. Martin's Press.

Luther, D. *The Prepper's Workbook.*

Miller, T. (2012). *Beyond Collapse.* CreateSpace Independent Publishing Platform.

Morris, B. (2019). *The Green Beret Survival Guide.* Skyhorse.

Nobody, J. (2018). *The Prepper's Guide to Caches.* Prepper Press.

Terrill, B. Dierkers, G. (2005). *The Unofficial MacGyver How-To Handbook.* American International Press.

WA Police, SA. (2019). *Aids to Survival.*

Wiseman, J. (2015). *SAS Survival Guide.* William Collins.

United States Marine Corps. (2013). *United States Marine Corps Individual's Guide for Understanding and Surviving Terrorism.* United States Marine Corps.

US Marine Corps. *Kill or Get Killed.*

RECOMENDACIONES DEL AUTOR

¡Aprende por ti mismo las tácticas de escape y evasión!

Descubre las habilidades que necesitas para evadir y escapar de la captura, porque nunca sabes cuándo te salvarán la vida.

Consíguelo ahora.

www.SFNonFictionbooks.com/Foreign-Language-Books

¡Aprende la defensa personal por ti mismo!

Este es el único manual de entrenamiento de autodefensa que necesitas, porque estos son los mejores movimientos de lucha callejera.

Consíguelo ahora.

www.SFNonFictionbooks.com/Foreign-Language-Books

ACERCA DE SAM FURY

Sam Fury ha tenido una pasión por el entrenamiento de supervivencia, evasión, resistencia y escape (SERE) desde que era un niño creciendo en Australia.

Esto lo condujo a dedicar años de entrenamiento y experiencia profesional en temas relacionados, que incluyen artes marciales, entrenamiento militar, habilidades de supervivencia, deportes al aire libre y vida sostenible.

En estos días, Sam pasa su tiempo refinando las habilidades existentes, adquiriendo nuevas habilidades y compartiendo lo que aprende a través del sitio web Survival Fitness Plan.

www.SurvivalFitnessPlan.com

amazon.com/author/samfury

goodreads.com/SamFury

facebook.com/AuthorSamFury

instagram.com/AuthorSamFury

youtube.com/SurvivalFitnessPlan

www.ingramcontent.com/pod-product-compliance
Lightning Source LLC
Chambersburg PA
CBHW062128020426
42335CB00013B/1147